자꾸만
미안해하지 않기 위해
시작한 엄마 공부

자꾸만 미안해하지 않기 위해 시작한 엄마 공부

초 판 1쇄 2020년 04월 23일

지은이 김경희
펴낸이 류종렬

펴낸곳 미다스북스
총괄실장 명상완
책임편집 이다경
책임진행 박새연 김가영 신은서
본문교정 최은혜 강윤희 정은희 정필례

등록 2001년 3월 21일 제2001-000040호
주소 서울시 마포구 양화로 133 서교타워 711호
전화 02) 322-7802~3
팩스 02) 6007-1845
블로그 http://blog.naver.com/midasbooks
전자주소 midasbooks@hanmail.net
페이스북 https://www.facebook.com/midasbooks425

ISBN 978-89-6637-786-2 03590

값 15,000원

미다스북스는 다음세대에게 필요한 지혜와 교양을 생각합니다.

자꾸만
미안해하지 않기 위해
시작한 엄마 공부

김경희 지음

미다스북스

당신은
어떤 부모인가?

나는 어려서부터 국어 과목을 좋아했다. 공부를 못하는 나였지만 국어 시간만큼은 재미있었다. 국어교과서에는 시를 비롯한 소설, 수필 등 여러 작가들의 작품을 만날 수 있었다. 전지적 작가시점에서 바라보는 문장 속 의미는 마치 나에게만 알려주는 일급비밀 같았다. 은유로 표현되는 시어들이 나를 황홀케 했다.

그러함에도 시험을 보면 성적은 만족스럽지 못했다. 좀 더 잘하고자 공부를 하면 성적이 더 나오지 않았다. 공부를 안 하고 시험을 치는 것이 오히려 높은 점수가 나왔다. 짐작컨대 공부를 열심히 안 한 탓이겠다. 어설프게 아니까 이것이 맞는지 저것이 맞는지 헷갈리고 생각이 많았다. 어김없이 내 답은 정답을 비켜갔다.

육아 역시 마찬가지인 듯하다. 다른 것이 있다면 교과목처럼 선택의 여지가 없다는 것이다. 결혼을 하고 아이를 낳으니 어느 날 엄마가 되어 있었다. 교단에서 "아이들 관점에서는 엄마를 어떻게 표현하고자 했냐면…", "엄마를 있는 그대로 읽으면 안 돼. 이것은 은유적인 표현으로….” 이렇게 설명해주는 선생님도 없었다.

자녀교육서를 뒤지기 시작했다. 아이의 성장발달에 맞춰 입히고 먹였다. 나름의 기준을 세우고 인성교육에 중점을 두기도 했다. 큰아이가 대여섯 살이 될 무렵 '칭찬법'이라는 것이 도입되었다. '칭찬에도 방법이 있는가?'란 의구심이 들었다. 그럼에도 아이를 위한다는 생각에 선뜻 수강신청을 했다.

효과적이었다. 책에서 나오는 대로, 강사선생님이 알려주는 대로 따라 하니 아이가 반응을 보였다. 그러나 그때뿐이었다. 책을 놓고 강좌가 끝나니 다시 원점이었다. 내가 간과한 것은 그것을 '기술'로 봤다는 것이다. 아이가 기계는 아니지 않는가? 한낱 쇳덩어리의 로봇이 아니다. 엄마가 엔지니어도 아니다. '칭찬'이라는 프로그램을 주입시켜 활성화되는 기계가 아니었던 것이다.

이렇듯 어설프게 국어 과목을 공부한 것처럼 어설프기 짝이 없는 엄마였다. 국어 과목처럼 이것이 맞는지 저것이 맞는지 알 수가 없었다. 자녀교육서를 들고 있으면 머리가 아팠고 스트레스가 되었다. 그러나 나의 욕심은 책도 아이도 놓지 못하게 했다.

나는 좋은 부모가 되고 싶었고, 좋은 부모가 되기 위해 최선을 다한다고 생각했다. 하지만 최선을 다하는 하루 끝에 나는 언제나 후회하고 아이에게 미안해하고 있었다. 아이가 커갈수록 좋은 부모에 대한 자신감은 나락으로 떨어지고 '부모 노릇'은 더 어렵게만 느껴졌다. 그러다 어느 날 잠든 아이의 모습을 보고 생각했다.

'나는 왜 아이에게 미안할까?'
'나의 미안함은 어디서 오는 것일까?'
'나는 좋은 엄마인가? 어떻게 하면 좋은 엄마가 될 수 있을까?'

엄마 공부가 필요했다. 질문에 대한 답을 역으로 추적해보았다.

'나는 좋은 엄마가 아닌가?'
'아이에게 무엇이 미안한 것일까?'
'아이는 나를 어떤 엄마로 생각할까?'

덜컥 겁이 났다. '타인에게 내가 어떤 사람으로 보여질까?'라는 생각을 해본 적은 있다. 하지만 '내 아이가 나를 어떤 엄마로 생각할까?'에 대한 질문에는 자신이 없었다. 이것은 '부모로서 아이에게 무엇을 해줄 것인가'를 묻는 것이 아닌 '어떤 부모가 되어야겠다'는 생각에 이르게 했다.

나는 이 책을 통해 질문에 대한 답을 찾아가는 과정을 여과 없이 담아 냈다. 그 과정에 내 아이는 내게 훌륭한 교재가 되어주었고 경험을 통한 학습을 하게 했다. 매일매일 주어지는 과제에 힘들어 몸살을 앓기도 했 다. 아프고 나니 어느덧 성장해 있었다. 그렇게 어설프기 짝이 없던 엄마 가 아이와 함께 성장하여 엄마 나이 스무 살이 되었다. 『자꾸만 미안해하 지 않기 위해 시작한 엄마 공부』는 나의 성장기인 셈이다.

마지막으로 이 책이 '당신은 어떤 부모인가'에 대한 길라잡이 역할을 할 수 있기를 바란다.

2020년 4월 어느 찬란한 봄날,
김경희

| 4장
화내지 않고 짜증내지 않는 엄마가 되는 8가지 방법

| 5장
다른 사람이 아니라 내 아이에게 좋은 부모가 되라

1장

왜 나는 아이에게
미안한 마음이 들까?

| 01

이렇게 애쓰고 있는데,
왜 자꾸 미안할까?

며칠 전부터 다른 느낌의 통증이 계속 되고 있었다. 출산예정일을 넘긴지 닷새째다. 남편에게 전화해서 퇴근과 동시에 친정으로 가자고 했다. 출산준비물과 옷가지 등은 2주 전부터 미리 챙겨뒀던 터다. 열 달 동안 꿈에 그리던 아기를 만날 수 있다. 기대와 두려움을 안고 친정으로 갔다. 며칠 후면 나도 '엄마'가 된다.

다음날 평소 다니던 산부인과를 찾았다. 의사선생님이 말씀하시기를 자궁 문이 조금 열린 상태이나 더 기다려야 된다고 했다. 내심 기대했던 나는 그냥 돌아올 수밖에 없었다. 남편에게도 정상 퇴근하면 된다고 전화했다.

친정으로 돌아와 오후 5시경 친구를 만났다. 고등학교 때부터 모든 것을 공유해온 친구다. 내 발조차 내려다 볼 수 없을 만큼 부른 배를 보고 친구가 웃었다. 나는 좋아하는 커피 대신 우유를 주문했다. 우리는 여고생처럼 수다를 떨며 웃었다. 하지만 나는 박장대소하며 웃을 수 없었다. 배가 아팠다. 좁은 시간차로 진통이 계속됐다. 친구를 만난 지 20분도 채 안되어 나는 부축을 받으며 친정으로 돌아왔다.

"엄마~! 엄마! 나 배 아파!"
"김서방! 어서 일어나 짐 챙기게!"

진통이 시간 간격도 없이 계속됐다. 분명 책에는 1시간, 30분, 15분 간격으로 온다고 했는데 역시 책대로 되는 건 없는 듯했다. 나는 친정엄마에게 안겨 남편한테 빨리 가자고 소리쳤다. TV에서 보는 것처럼 남편의 머리를 뜯고 싶었다. 남편은 평소와 다르게 나의 화를 다 받아주며 운전하기에 여념이 없었다. 엄마의 품은 따스했다. 이대로 엄마의 품에서 잠들고 싶다고 생각했다. 알 수 없는 눈물이 흘렀다. 그런 나를 연신 쓰다듬어주시는 엄마의 손이 떨리고 있었다.

"에고…. 우리 딸 우짜노? 대신 해줄 수도 없고 우짜노? 엄마가 된다는 게 이래 힘들다…. 우짜노…. 쪼매만 참아래이."

병원에 도착해서 얼마의 시간이 지났는지 모른다. 의사선생님이 아기가 나오기 쉽게 칼을 조금 댄다고 했다. 시원한 느낌이다. 갓난아기 울음소리가 난다. 간호사가 아기를 보여줬다. 손바닥보다 더 작은 얼굴에 눈, 코, 입이 있다. 나는 손가락·발가락이 10개인지 물었다. "애기엄마, 다 있어요~."라고 간호사가 대답했다. 중간에 기운이 빠져 힘을 주지 못한 탓에 아기의 머리가 조금 눌렸다고 의사선생님이 말씀하셨다. 하지만 곧 돌아온다고 했다.

나의 호칭은 'ㅇㅇ산모'에서 '아기엄마'로 바뀌어 있었다. 13시간만이다. 고통은 온데간데없고 아기에게 미안한 마음이 들었다. 세상의 빛을 처음 보는 순간부터 엄마인 내가 시련을 준 것 같아 마음이 아팠다. 숨이 끊어지도록 라마즈호흡을 쉬지 않고 해야 했다. 임산부요가도 사지를 더 찢어가며 열심히 해야 했다. 나의 아기는 털끝 하나 다치면 안 된다. 그것은 누가 가르쳐주지 않아도 엄마가 됨과 동시에 갖는 본능이다.

나는 누군가 인생에서 가장 행복했을 때가 언제냐고 물어오면 서슴지 않고 아들과의 첫 만남이라고 대답한다. 간호사가 아들을 안아 처음 보여주던 순간을 잊을 수 없다. 수십 개의 수술실 라이트보다 아들은 더 빛나고 있었다. 어쩜 그리 예쁘게 빚어졌는지! 조그맣고 동그란 얼굴에 눈, 코, 입이 눈꽃 같았다. 손톱만한 입술을 달싹이며 우는데 내 눈에서 뜨거운 눈물이 흘렀다. 별로 친하지도 않은 하나님아버지, 부처님께 감사했다. 이보다 값진 선물이 없었다.

　겨울임에도 햇살이 따사로운 아침이었다. 아들은 깨우지 않아도 스스로 일찍 일어났다. 마치 소풍이라도 가는 듯 마냥 들떠 있었다. 제일 좋아하는 옷을 골라 입고 드라이까지 한 뒤 집을 나섰다. 첫째아들 희성이의 초등학교 졸업식이었다. 희성이의 뒷모습을 보며 나는 만감이 교차했다.

　교문 앞은 봄이다. 온갖 화려한 꽃들이 만발했다. 졸업생 수보다 더 많은 학부모들이 강당을 가득 메우고 있었다. 나를 닮아 유난히 머리 색깔이 노란 희성이가 눈에 들어왔다. 가슴이 벅찼다. 특별상을 수상하는 다른 아이들은 눈에 들어오지 않았다. 아들은 6년도 아닌 1년 개근상을 받았다. 그것도 교실로 돌아와서. 나는 무사히 졸업하는 것만으로도 대견하고 감사했다. 희성이가 나에게 웃으며 손짓을 했다. 나는 자꾸만 시야가 흐려져 제대로 쳐다볼 수 없었다.

　희성이의 2학년 때 담임 선생님을 찾았다. 2학년 담임 선생님과 얼굴을 마주하면서 참았던 눈물이 터졌다. 초등학교 2학년, 9살인 희성이는 한 달의 결석이 있다. 건강상의 이유다. 입원하는 동안 선생님께서 같은 반 친구들의 편지와 선물 꾸러미를 들고 방문하신 적이 있다. 바쁘신 와중에도 일부러 찾아주신 선생님께 진심으로 감사했다.

하지만 나는 친구들의 편지를 읽고 있는 희성이를 지켜볼 수 없었다. TV로 볼 때는 훈훈하던 그 장면이 내가 주인공이 되니 너무 잔인했다. 비상구 계단으로 나와서 대성통곡하며 울었다. 나를 지나치던 사람들의 눈빛이 무엇을 말하는지 알 것 같았다. 분명 의사가 원인을 모른다고 했다. 유전적인 것도 아니라고 했다. 절대 자책하지 말라는 말씀도 잊지 않으셨다. 그럼에도 나는 자꾸만 희성이에게 미안했다. '어릴 때 소리친 것 때문일까? 귀를 자주 파 줘서 그런가? 너무 깔끔 떨며 키웠나?' 별의 별 생각이 다 들었다. 모든 것이 내 잘못인 것 같았다.

"민수 어머니시죠? 저기… 제가 운전을 하다가 아이와 조금 부딪쳤는데요…. 아이는 괜찮아요. 자전거 앞 타이어 휠이 조금 휘었어요…."
"민수는 괜찮아요?"

오후 4시경에 낯선 번호로부터 전화가 왔다. 전화기의 낯선 여자가 둘째 민수의 안전을 말하고 있었다. 나는 민수의 무사함을 재차 확인했다. 사고 경위와 위치를 물었다. 나의 목소리는 건조했다. 나보다 더 놀란 직원들이 나의 설명도 필요 없이 빨리 가라고 했다. 나의 뒤통수에서 직원들의 대화소리가 들렸다.

"그런데 어떻게 저렇게 차분해? 놀라지도 않아?"
"김쌤 지금 많이 놀란거야. 원래 차분하잖아. 속은 안 그래."

현장에 도착했을 때 민수는 아무렇지도 않은 듯 나를 보고 웃어 보였다. 나는 민수의 키 높이에 맞게 쪼그려 앉았다. 머리카락을 헤집어 봤다. 팔·다리를 움직여 봤다. 바지를 걷어 상처가 있는지도 확인했다. 민수는 온전했다. 나는 비로소 숨이 쉬어졌다.

"고맙다…. 고맙다…."

민수를 안고 쓰다듬는 내 손이 떨렸다. 눈물이 멈추질 않았다. 민수도 따라 울었다. 미안했다. 정작 아이는 놀라지 않았는데 나 때문에 오히려 놀라는 눈치였다. 몇 푼이나 번다고 혼자 학원 가게 한 것이 미안했다. 아이의 놀란 하루가 걱정됐다. 자는 도중에 놀라서 깰까 봐 그날 밤 아이 옆에서 잠을 설쳤다.

"있을 때 잘하라."는 말이 있다. 부모·자식 간이든 연인이든 직장에서든 모든 인간관계에 다 적용되는 말이다. 인간관계는 공기와 같아서 평소에는 그 소중함을 모른다. 나중에 함께 하지 못하게 될 때야 뒤늦은 후회로 다가온다. 잘해준 것보다 못해준 것이 더 크게 느껴지기 때문이다.

부모의 마음은 더할 것이다. 자식에게 하나라도 더 해주고 싶은 것이 부모의 마음이다. 못해준 것에 대한 미안함은 죄책감이 된다. 그렇다면 자식에게 무언가를 풍족하게 해주었다고 해서 후회가 없을까? 아니다.

부모로서 무엇을 해줄 것인가가 아닌 내 아이에게 어떤 부모가 될 것인가를 먼저 염두에 두어야 한다. 아이를 키움과 동시에 부모 자신도 성장하기 때문이다.

어떻게 하면
좋은 부모가 될 수 있을까?

과연 어떤 부모가 좋은 부모일까? 좋은 부모를 갈망하는 사람들은 두 가지 경우로 나뉜다. 첫째, 안 좋은 부모에게 자랐거나 둘째, 안 좋은 부모를 봤거나. 여기서 눈여겨봐야 될 부분은 '안 좋은 부모'다. 안 좋은 부모를 경험함으로써 자신은 좋은 부모가 되려한다는 점이다. 그렇다면 나는 좋은 부모인가? 나의 부모님이 안 좋은 부모이셨던 건 아니었지만 단답형으로 대답하라면 '아니다.'

나는 초등학교 입학을 전후해 이모 집에서 살았다. 무남독녀인 외사촌 동생이 심심해한다는 이유였다. 하지만 가난한 우리 집 형편상 입을 하나 덜기 위함임을 어린 나이에도 알 수 있었다. 이모부는 소아과 의사로

개인병원 원장님이셨다. 이모 집은 대구 수성구의 교수촌에 있었다. 교수들이 많이 모여 살아서 이름 붙여진 동네다. 교수촌의 집들은 모두가 2층 양옥집이었다. 그곳 사람들은 까만색 중형 자동차를 타고 다녔고 교양이 넘쳤다. 집집마다 가정부도 두고 있었다.

가난은 나를 일찍 철들게 했다. 이모가 구박을 한다거나 야단치는 일은 없었다. 이모 집에서 나는 가정부는 아니지만 이모에게 잘 보여야 했다. 어린 나이에도 그래야만 할 것 같았다. 이모는 유독 커피를 좋아하셨다. 그런 이모를 위해 아침마다 이모 침대로 커피를 날랐다. 이모부는 퇴근하실 때마다 바나나 파인애플, 쿠키 등을 사오셨다. 나는 나에게 주어지는 것 외에는 손을 대지 않았다. 언제나 쿠키며 바나나가 더 먹고 싶었다.

교수촌의 아이들은 부족한 것이 없었다. 무언가가 필요하다고 부모에게 요구하는 것을 본 적이 없다. 부모들이 미리 알아서 다 챙겨 주기 때문이다. 제대로 된 환경에서 제대로 된 교육을 받는 그 애들이 부러웠다. 내가 부모가 되면 내 아이에게도 그렇게 하리라 다짐했다.

결혼하고 아이를 낳아 기르면서 나의 다짐을 현실에 접목시켰다. 먹는 것부터 입는 것까지 모든 것이 내 손을 거쳐야 했다. 모든 물건은 제자리에 있어야 했고, 모든 일은 나의 계획대로 진행되어야 했다. 그래야 마음이 놓았다. 나는 결혼 전까지 요리는 커녕 커피밖에 탈 줄 몰랐다. 그런 내가 아이의 이유식을 직접 만들어 먹였다. 절대 시판용 이유식은 먹이지 않았다. 과자도 먹이지 않았다. 화학적인 것은 독이라 생각했다. 아이에게 화장품 냄새도 안 좋을 것 같아 얼굴에 아무것도 바르지 않았다.

어린이집도 보내지 않았다. 너무 어려서부터 단체 생활하는 것은 좋지 않을 것 같았다. 유치원 역시 미술·음악 중점 유치원을 보냈다. 그것이 아이의 창의성을 위한 것이라 생각했다. 아이를 위한 것이면 없는 살림이지만 돈을 아끼지 않았다. 교수촌의 아이들처럼 무엇이든 해주고 싶었다.

큰 아이가 네 살 무렵이었다. 우리 가족은 큰 아이를 데리고 시골 할머니 댁에 갔다. 오랜만에 가족 친지들이 다 모였다. 시어머니는 장손인 아들을 보는 것만으로도 행복해하셨다. 즐거운 시간을 보내고 각자 잠자리에 들려고 할 때이다. 아들이 자리에 눕기 전 본인의 자켓을 들고 왔다. 그리고는 베개 위에 덮고 눕는 것이 아닌가! 할머니 댁 베개가 더럽다는 이유였다. 과자를 집어든 손 외에 다른 손으로 턱밑을 받치고 먹는 아이였다. 그 모습을 지켜보던 집안 어른께서 한마디 하셨다.

"아이고~ 얼라가 얄궂다!"

얼굴이 화끈거렸다. 집안 어르신의 핀잔 때문이 아니다. 그 순간의 장면에서 지난 4년의 내 모습이 보였기 때문이다. 사실 내가 생각하는 이상적인 남자는 털털한 남자다. 땅에 떨어진 것도 '후~' 불어서 먹을 줄 알아야 한다. 검게 그을린 얼굴로 한번 웃어주면 그만이다. 그런데 내 아이는 어린 나이에도 지나치게 깔끔을 떨고 있었다. 별명마저도 '밀가루 왕자'인 아들이.

부모는 아이의 거울이라고 했던가? 나에게는 아이가 나의 거울이다. 이 일을 계기로 나의 생각은 조금씩 변화되어 갔다. 어릴 때 이모에게 잘 보이기 위해 습관처럼 가졌던 강박관념에서 벗어나고자 했다. 나의 강박관념에 주변 사람이 불편해한다는 사실을 알았기 때문이다. 아들은 놀이터에서 노는 것을 별로 좋아하지 않았다. 모래가 운동화 안으로 들어오기 때문이다. 그런 아들의 모습에 내 생각은 더욱 확고해졌다.

아이들 교육도 마찬가지다. 아이는 낳아 학교만 잘 보내면 된다고 생각했던 우리 때와는 다르다.

"지혜는 대학원의 상아탑 꼭대기에 있지 않았다. 유치원의 모래성 속에 있다."

로버트 폴검의 『내가 정말 알아야 할 모든 것은 유치원에서 배웠다』의

한 글귀다. '인생에 있어서 기본이 되는 것은 이미 어릴 때 다 배워 온 것이다. 하지만 시간과 경험에 의해 받아들일 준비가 되어 있을 때 배울 수 있었다.'고 저자는 말한다. 상아탑을 바라보는 공교육이 전부가 아니라는 뜻이다.

나는 도서관, 문화센터의 자녀교육 프로그램을 수강했다. 부모 교육서도 사 모았다. 읽고 또 읽어 생활에 적용했다. 남편에게도 강요했다. 열심히 공부하고 아이들에게 책에서 시키는 대로 하면 되는 줄 알았다. 그러면 아이들이 훌륭한 어른으로 성장할 거라고 믿었다. 그러나 책대로되는 것은 없었다. 아이는 교과서에 나오는 철수도 영희도 아니었다. 로버트 폴검이 말하는 '시간과 경험에서 받아들일 준비'를 놓치고 있었다.

아이가 사춘기에 접어들면서 나는 언제나 백전백패였다. 큰아이에 비해 작은아이는 섬세하고 감성적이다. 휴머니즘 영화를 보고 "엄마, 마음에 개미가 기어가는 것 같아."라고 표현하는 아이다. 초등학교 1학년 때는 손톱만한 들꽃을 엄마인 내게 선물하기도 했다. 그 모습이 예쁘면서도 도덕적인 나는 꽃을 꺾었냐고 물었다. 아이는 두 송이 중 한 송이가 떨어져 있었다고 했다. 그것을 엄마 주려고 들고 왔다고 했다. 실제로 한 장의 꽃잎에 상처가 있었다.

그런 아이가 중학교 2학년이 되자 '중2병'에 제대로 걸렸다. 나쁜 친구들과 어울렸다. 엄마인 내게 이따금씩 거짓말도 했다. 늘 형에게 양보하던 성격이 날카로워졌다. 형과의 다툼이 잦았다. 형도 봐주지만은 않았다. 시댁에 사촌형님이 말했었다. 아들 둘이 싸우면 끼어들 틈도 없이 무섭다고.

직장맘인 나는 일주일에 5일은 두 아들의 전화를 번갈아 받아야만 했다. 형이 과자를 더 먹었거나, 허락도 없이 동생이 형의 옷을 입었다는 이유 등이었다. 미안해하는 나에게 직원들이 이해한다고 했다. 하지만 육아문제를 직장에까지 끌어 들인다는 것은 여간 눈치 보이는 일이 아니었다. 나는 그때마다 방법을 제시했다. 문제의 해결책은 아니었다. 단지 빨리 전화를 끊고 싶은 마음뿐이었다.

한번은 대학교를 다니느라 자취생활을 하는 큰아들 희성이와 문자로 다툰 적이 있다. 아들은 돈이 필요할 때만 연락을 하고 그 외엔 도무지 연락이 없다. 부모를 돈 버는 기계로 생각한다는 느낌이 강하게 들었다. 화가 난 나는 아들에게 마구 쏘아 붙였다. 아들도 지지만은 않았다.

"도대체 마음에 안 든다고 언제까지 그럴 건데?"

순간 나는 망치로 한 대 맞은 듯 했다. 아들의 말 때문이 아니었다. 나는 모든 것이 마음에 들어야 직성이 풀리는 엄마였던 것이다. 20년 동안 아들은 엄마를 그렇게 생각하고 참아 내고 있었던 것이다. 가슴이 아팠다. 미안한 마음에 나도 모르게 눈물이 흘렀다. 아이를 위한다고 했던 것이 정작 아이의 마음은 읽어주지 못하고 있었던 것이다.

자식에게 모든 것을 다해주는 부모가 좋은 부모는 아니다. 좋은 부모는 아이의 마음을 읽을 줄 알아야 한다. 아이 스스로 문제해결을 할 수 있는 용기와 힘을 줘야 한다.

나는 아이가 비를 맞을까 봐 우산을 준비해준 엄마에 지나지 않았다. 비 좀 맞는 게 대수인가? 비를 맞는 경험을 통해서 아이 스스로 우산을 준비할 수 있게 된다. 빗물이 튀어서 엄마에게 혼날까 봐 두려워하지 않는다. 같은 곳을 지나칠 때 비켜가야 한다는 것을 알게 된다. 경험을 통해서 지혜와 깨달음을 얻게 되는 것이다. 이렇듯 부모는 아이의 소중한 경험을 뺏는 오류를 범해서는 안 된다. 미리 우산을 챙겨줘서 비를 맞지 않은 것을 다행으로 여길 것이 아니라 아이 스스로 우산을 준비한 것에 감사해야 한다. 조갯살 같은 조그만 입으로 숨 가쁜 자랑을 할 때 입 맞추며 칭찬을 해야 한다. 그것이 좋은 부모가 되기 위한 시작이다.

완벽하지 않아도 된다

세상에 100점 엄마는 없다. 육아에는 정답이 없기 때문이다. 똑똑한 엄마들의 최대 실수가 이것을 놓치고 있다는 것이다. 좋은 엄마, 완벽한 엄마가 되려 하지 마라. 좋은 엄마와 완벽하려는 강박감에 빠지면 오히려육아가 더 힘들고 고통스럽다. 엄마가 힘들고 지치면 그 감정은 아이들에게 고스란히 전달된다.

부모의 집착에 의해서 자란 아이들은 가슴 밑바닥에 '죄책감'이 깔린다. 항상 부모의 기대치에 부응해야 한다는 부담감은 그것을 이루어 내지 못했을 때 죄책감으로 남는 이유다. 이 죄책감에 아이는 성장하지 못한다. 내 아이를 잘 키우고자 하는 부모의 욕심이 오히려 아이를 망가뜨리는 결과를 낳는 셈이다.

완벽하지 않아도 된다. 아이의 마음에 느낌을 더할 수 있는 엄마가 되자. 아이와의 마블링(marbling)이 상상 이상의 작품을 만들어 낸다.

오늘만큼은
화내고 싶지 않다

과연 화내고 싶은 사람이 있을까? 단언컨대 남녀노소를 불문하고 화내고 싶은 사람은 없다. 화내는 대상이 다른 사람이 아닌 내 아이라면 더욱 그렇다. '오늘은 화 안내고 무사히 하루를 보낼 수 있을까?' 아침마다 많은 엄마들이 생각한다. 그러다 밤이면 잠든 아이를 보며 후회하고 반성한다. 아이에게 미안한 나머지 눈물까지 훔치는 엄마도 적지 않다. 나 역시 그랬다.

큰아이 희성이가 초등학교 2학년 1학기 때다. 다음날 리코더 수행평가가 있었다. 저녁을 먹고 난 뒤 아이에게 리코더 연습을 시켰다. 설거지를 하며 듣는데 자꾸만 틀린다. 나는 "다시! 다시!" 소리쳤다. 서둘러 집안일을 끝냈다. 이미 화가 끓어오르고 있었다. 아이 방으로 들어갔다. 자꾸만 리듬이 끊기고 바람소리가 났다. 아이는 몸을 꼬기 시작했다. 나는 아랑곳하지 않았다.

리코더 구멍을 막는 방법부터 다시 가르쳤다. 초등학생 2학년인 9살 아들은 10월생이다. 유전적인 소양으로 성장마저 늦다. 이러한 신체조건으로 또래보다 손도 작았다. 어쩔 수 없다. 내일이 시험이니까. 마지막 구멍에 새끼손가락이 닿지 않아 어깨까지 들썩이며 리코더를 불었다. 아홉 살 아이의 인내력은 바닥을 보인지 오래다. 희성이는 울먹이며 "엄마, 그만하면 안돼…?"라고 물었다. 나는 단호했다. "안돼! 이래서 내일 시험 칠 수 있겠니?" 희성이는 밤 12시가 되서야 리코더를 손에서 내려놓을 수 있었다.

눈물범벅이 된 아이를 씻기며 꽉 막힌 코를 풀게 했다. 곧 잠에 곯아떨어진 아이 옆에 앉아 뻣뻣해진 손을 주물러 줬다. 마음이 아팠다. 시험에 대비해서 어느 정도의 노력이 필요하다는 것을 가르치려 했던 것도 사실이다. 하지만 일방적이었다. 아이와 어떠한 약속도 조율도 없었다. 아이의 의사는 무시한 채 연습만을 강요한 나의 처사는 분명 잘못된 것이었다.

내가 딱 희성이 나이 아홉 살 때의 일이다. 숙제로 구구단을 외우고 있었다. 당시 우리 집은 중국집을 하고 있었다. 우리 집에서 일하던 삼촌 두 명이 계셨다. 오갈 때 없는 삼촌들은 우리 집에서 숙식하며 일을 했다. 삼촌이 구구단 외우기 숙제를 도와주고 있었다. 나는 5단까지는 잘 외었다. 6단도 그럭저럭 괜찮았다. 문제는 7단, 8단이다. 아무리 외워도 자꾸만 틀렸다. 다행히 9단은 삼촌이 요령을 가르쳐줬다. 외우기 쉽게 10을 더해서 곱하는 숫자만큼 빼는 방법이다. 더듬거리긴 했지만 9단을 외울 수 있었다. 하지만 7단, 8단은 그런 요령도 없었다. 고양이 한 마리가 엉킨 실타래를 내 머릿속에 넣어놓은 것 같았다.

보다 못한 엄마가 나섰다. 삼촌이 도와줄 때까지만 해도 나는 울지 않았다. 엄마의 출연으로 나는 한계에 부딪혔다. 엄마는 우유부단한 아버지와 달랐다. 아마 손바닥도 맞았던 것 같다. 하지만 먹먹해진 머리로 8단을 외우기는 무리였다. 그날 밤 회초리로 빨개진 내 손을 삼촌들이 주물러줬다. 엉킨 실타래가 8자로 더 엉키는 꿈을 꾸며 잠들었다.

"엄마, B 받았어."
"어이구~ 우리 아들 잘했네! 거봐! 어제 연습 안했으면 어쩔 뻔 했어! 힘들었지? 수고했어~."

다음날 학교에서 돌아온 희성이가 수행평가 결과를 알려줬다. A가 아닌 B라고 말하는 아이가 내 눈치를 보는 것 같았다. 그 모습을 보며 또 후회가 밀려 왔다. 아이의 기를 꺾어놓은 것 같았다.

아홉 살 희성이의 모습과 아홉 살 나의 모습이 오버랩 되면서 오전 내 내 마음이 안 좋았다. 나는 스스로를 자책하며 죄책감마저 들었다. 나의 자존감은 물론이고 아이의 자존감마저 무너지는 건 당연했다. 수년이 지 난 지금도 이 기억은 아픔으로 남아 있다. 정작 아이의 교육을 위해서 화 를 낸 것이 아니라는 생각이 지금도 지배적인 이유다.

만약 아이에게 리코더 연습하던 곡의 느낌을 먼저 물어봤으면 어떠했 을까? 친정엄마가 짜장면 면발을 이용해 숫자의 묶음을 만들어 보였으 면 어떠했을까? 노래를 부르듯 리듬을 타며 리코더 연습을 할 수 있었을 것이다. 구구단표가 무수한 점으로만 보이는 일은 없었을 것이다.

큰 아이가 두 살 때쯤이다. 신혼집은 대구 외각에 위치해 있었다. 아이 가 생기니 친구를 만나러 대구까지 나간다는 것은 상상조차 할 수 없었 다. 그런 나를 위해 하루는 친구가 집으로 찾아왔다. 아직 결혼 전인 친 구는 자유로웠다. 몸매도 여전했다. 부러움도 잠시, 반가운 마음에 수다 를 떨었다. 무엇 때문인지 확실히 기억은 안 난다. 하지 말라는 것을 아 이가 계속 했던 것 같다. "야!!" 나도 모르게 고함을 질렀다. 어깨까지 들 썩이며 아이가 놀랐다. 너무 놀라 울지도 못했다. 그런 나를 보며 친구가 한마디 했다.

"가시나야! 내가 놀랬다! 무슨 애한테 그렇게 소리를 지르노?"

나도 적잖게 놀랐다. 평소에 목소리가 작은 나다. 순간 욱한 나는 빌라 1층이 쩌렁할 정도로 소리를 지른 것이다. 친구의 말에 나는 부끄러웠다. 그렇다고 한번 뱉은 말을 다시 주워 담을 수도 없었다. 미안한 마음에 아이를 안았다. 평소 같으면 젖은 옷이 몸에 착 달라붙듯 내 목을 감았을 것이다. 이번에는 아니었다. 내가 안는 대로 가만히 있었다. 늦은 후회가 밀려 왔다. 내 마음이 어두운 지하로 곤두박질치는 듯 했다.

'내가 꿈꿨던 신혼은 이게 아닌데…, 코발트 하늘아래 나부끼는 옥양목이 구름인양 황홀한 아침이어야 하는데…, 그 아침에 사랑스런 아기와 내가 있는데….' 결혼은 현실이다. 영화나 드라마가 아니다. 눈앞에 닥친 현실 앞에서 나는 자꾸만 화내고 욱하고 있었다. 밤이면 잠든 아이를 보며 밀려드는 후회에 눈물짓곤 했다.

낙엽 지는 일요일 오후였다. 오랜만에 외출이 있었다. 친구의 가족과 만나기로 했다. 아이를 데리고 외출을 한다는 것은 하나의 큰 숙제를 하는 것과 같다. 챙길 것이 너무 많았다. 나는 오전부터 아이의 기저귀며 젖병, 옷가지 등을 준비했다. 겨우 반나절의 약속에 가방 안이 가득 찼다. 남편의 옷부터 아이 옷까지, 입는 순서에 맞게 챙겨 침대에 올려놓았다. 아이 옷 입히는 것을 남편에게 부탁했다.

늦가을의 날씨가 무색했다. 바쁘게 움직이던 나는 땀이 났다. 30대 초반임에도 화장이 들떴다. 사도 사도 없는 것이 옷이라고 했던가? 입을 옷이 없었다. 나의 몸에는 15kg의 군살들이 출산 후에도 그대로 붙어 있었다. 거울 속에 비친 내가 마음에 안 들었다. '에휴~' 짧은 탄식이 새어 나왔다. 그때였다. 아이가 조용한 것이 이상했다.

초록색 싱크대 문이 열려 있었다. 아이가 잡고 일어서기 시작하면서 손잡이를 반대로 바꿔 놓은 상태다. 뒤돌아 앉아 있던 아이가 고개를 돌렸다. 놀란 나를 보며 '씨~익' 웃었다. 플라스틱 병을 들어 보였다. 'OOO 식용유' 며칠 전에 지인이 준 1.8L짜리였다. 아이가 들어 올린다는 것은 속이 비었음을 의미한다. 나는 그때서야 보였다. 짙은 브라운컬러의 바닥이 반짝이고 있음을.

나는 황급히 아이에게 뛰어갔다. 손을 짚고 일어서는 순간 미끄러질 수 있기 때문이다. 아이를 안아 올렸다. 아이의 바지에서 기름이 뚝뚝 떨어졌다. 화를 낼 법한데 나는 웃음이 났다. 본인이 잘못한 것도 모르고 아이도 따라 웃었다. 우리는 신문지로 식용유를 닦아내느라 약속시간에 한참을 늦었다. 1.8L의 식용유를 꽤 많은 신문지가 먹었고, 우리는 그 이야기를 하며 맛있는 저녁을 먹었다.

이날 나는 화를 내지 않았다. 아이가 마냥 귀여워 보이고 그 모습이 너무 우스웠다. 그렇다면 평소에는 아이가 예쁘지 않느냐? 절대 아니다. 아이는 늘 같은 자리에 같은 모습으로 해바라기처럼 엄마를 바라보고 있다. 답은 '아이'였다. 아이가 엄마를 해바라기하듯 아이만 본 것이다. 아이의 실수는 보이지 않았다. 손잡이 방향을 바꿔놨음에도 좁은 문틈으로 손가락을 비집고 넣은 것이 더 신기하고 기특했다.

그 후로 나는 하나의 습관이 생겼다. 베란다로 나가서 실내를 들여다보는 것이다. 답답해서 나갈 때도 있지만 궁극적인 목적은 나를 객관적으로 보기 위함이다. 화내는 나를 객관적으로 보고 아이와 나의 모습을 관찰했다.

아이가 태어나서 만나는 모든 세상이 처음이기에 실수하는 것은 당연했다. 엄마인 나 역시 엄마가 처음이다. 그러므로 부족할 수밖에 없었다. 완벽하지 않아도 된다. 아이를 잘 키우겠다는 욕심이 오히려 화가 되고 있었다. 아이를 독립된 존재로 존중하고 나 자신을 있는 그대로 받아들였다. 그것으로 '화'라는 감정에서 조금씩 자유로워질 수 있었다.

| 04

화내고 욱하는 것도
습관이 된다

핸드폰 알람이 울렸다. 세상에서 가장 듣기 싫은 소리다. 부족한 잠에 시큰거리는 눈을 비볐다. 온 몸이 묵직했다. 가벼운 스트레칭을 하며 시계를 봤다. 아들을 등교시키고 출근하기에 시간이 빠듯했다. 서둘러 머리부터 감았다. 아침준비를 위해 가스 불을 켰다. 한쪽 눈썹을 그리다 말고 아이를 깨웠다. 역시나 한 번에 일어나지 않는다. "일어나자." 외마디를 하고 아침을 차렸다. 아들은 꿈쩍도 안했다. 인내력이 테스트 되는 시간이었다.

나는 지각이란 있을 수 없다고 교육 받은 사람이다. 공부는 다음 문제였다. 지각은 성실과 직결되기 때문이다. 그것은 내 아이에게도 똑같이 적용됐다. 주방에서 큰소리로 아이를 불렀다. 대답이 없다. 몇 번의 지각이 있던 터라 나의 걱정은 화가 됐다. 목소리가 커지는 것은 당연했다.

"민수야, 일어나! 또 지각이야!"
"아니, 맨날 이래서 어떡할래? 나중에 사회생활이나 할 수 있겠니?"
"선생님 볼 면목도 없다!"

하지 말아야 하는 말까지 쏟아져 나왔다. 직장맘인 나의 아침은 항상 바빴다. 급한 마음에 행동보다 말이 앞섰다. '양 볼을 꼭 누르고 펭귄 같은 입술에 뽀뽀해야지.' 이렇게 꿈꾸던 아침풍경이 아니었다. 나의 화에 아들이 짜증을 내며 일어났다. 등교준비를 하는 아들 입에 아침으로 준비한 초밥을 밀어 넣었다. 현관을 나서는 아들과 짧은 포옹을 했다. 막말을 한 미안함의 대신이다. 아들을 등교시키고 서둘러 출근준비를 했다. 그리다 만 눈썹에 한숨이 나왔다.

근무 중에도 마음이 내내 불편했다. 선생님께 혼나지는 않았는지 저녁에 만난 아이에게 물었다. "선생님이 내일 지각 안 하면 라면 사준대~." 요즘말로 '헐~'이다. 나의 걱정이 무색해지는 답변이었다. 선생님이 좀 세게 나가주셨으면 하는 아쉬움이 들었다. 반면 우리 아이에게 딱 맞는 선생님이라는 생각도 했다. 아이들 사이에 쿨한 선생님으로 인기가 많으신 분이다. 다음날 아들은 선생님이 사주시는 라면을 먹고 왔다. 라면을 먹었다고 말하는 아들이 밝게 웃고 있었다. 그리고 덧붙였다. "내일도 일찍 일어나야지~."

"어머니, 민수를 너무 모르시는 것 같아요! 민수가 지각을 좀 하지만 문제아는 아니에요. 친구들 사이에 인기도 많고 아주 밝은 아이예요. 저는 민수 좋게 생각합니다."

나중에 통화한 담임 선생님의 말씀이다. 처음에는 '엄마인 내가 내 아들을 모른다고?'라는 생각이 들었다. 선생님 말씀을 곱씹어봤다. 선생님은 지각에 초점을 맞추는 것이 아니었다. 오롯이 민수 자체만을 보고 계셨다. 정작에 엄마인 나는 아들을 보지 못했다. 지각이라는 기준이 아들보다 중요한가라는 생각을 했다.

다음날부터 나의 기상시간을 앞당겼다. 내 마음이 바쁘니 말이 앞서고 화가 난다고 생각했기 때문이다. 아기 때처럼 얼굴을 주무르며 뽀뽀를 했다. 셔츠를 걷어 올려 등을 쓸어주며 마사지를 해줬다. 아들은 웃으면서도 바로 일어나지는 않았다. 인내를 가져야 했다. 일찍 등교를 할 때도 있고 지각을 할 때도 있었다. 하지만 우리 두 사람 모두 더 이상 흐린 아침이 아니었다. 라면이 지각에 대한 처방전은 아니었던 것이다.

직장인이라면 누구나 퇴근시간을 기다릴 것이다. 퇴근 후 여가활동을 하거나 친구 · 동료들과 치맥을 즐길 수도 있다. 하지만 나는 아니었다. 퇴근은 곧 집으로의 출근이기 때문이다. 치맥이 아닌 저녁거리를 걱정했다. '오늘도 12시는 되어야 일이 끝나겠지.', '또 어떤 모습으로 폭탄을 맞았을까?' 퇴근시간이 가까워 올수록 가슴이 답답해졌다. 집으로 들어가기 싫어지기까지 했다.

낮 시간 동안 집에 없었지만 아이들의 동선 파악이 다 된다. 거실 소파며 아이들 방에 대여섯 벌의 옷이 나뒹굴고 있었다. 한창 사춘기인 아이들이 이것저것 입어보고 던져놓은 것이다. 주방으로 갔다. 라면을 다섯 개는 끓여 먹음직하다. 냄비며 그릇들이 싱크대에 산을 이루고 있다. 욕실 역시 마찬가지다. 헤어드라이기가 콘센트에 그대로 꽂혀져 있다.

"아들, 너무하는 것 아니니?"
"엄마 하루 종일 일하고 왔는데 제 자리에만 있어도 엄마 일이 수월하잖아!"
"우유팩을 코앞에 있는 쓰레기통에 넣는 것도 힘드니?"

'오늘은 화내지 않고 짜증도 안 내야지. 부드럽게 오늘 하루를 칭찬해야지.'했던 다짐을 잊은 채 역시나 말이 앞섰다. 얼마의 시간이 지나지 않아 남편이 퇴근했다. 집안 분위기를 살피며 들어오는 남편이 상황을 물었다. 말이 예쁘게 나갈 리 없다. 나의 화는 남편에게 전이됐다. 남편이 소리쳤다.

"다 때리치아라!"
"너거도 고마 그 따위로 할 거면 대학이고 뭐고 다 필요 없다!"
"아니, 거기서 공부 얘기가 왜 나와?"

화가 부부싸움이 됐다. 스트레스로 어깨가 빠지는 듯했다. 혈압이 올라 눈이 흐려졌다. 이러한 화는 다음날도 계속 됐다. 화를 내고 나면 나역시 마음이 안 좋았다. '조금 참았으면 될 것을.'이라는 자괴감이 들었다. '내가 이것밖에 안되나.'라는 수치심도 생겼다. 그것은 마치 플라스틱의 잔해와 같았다.

직장생활을 처음 시작할 때만 해도 이 정도는 아니었다. 퇴근을 해서 보면 최소 본인들이 먹었던 그릇들은 싱크대에 들어가 있었다. 여름날이면 나의 퇴근시간에 맞춰 에어컨을 틀어놓던 아이들이었다. 문제는 엄마인 내게 있었다. 빨리 쉬고 싶었다. 책을 보든 드라마를 보든 나만의 시간을 가지고 싶었다. 그렇다보니 항상 말이 앞섰다. 내 말은 의미 없는 '잔소리'에 지나지 않았다. 그리고 어느새 아이들 역시 그 잔소리에 무뎌져 갔다.

화목한 가정을 꿈꾸지 않는 사람은 없을 것이다. 나 역시 마찬가지다.

매일 화내고 스트레스 받는 상황이 너무 싫었다. 그 화의 대상이 사랑하는 가족들이라는 사실이 끔찍했다. 스트레스는 몸의 이상까지 가져왔다. 어깨가 빠지는 것 같았다. 얼굴이 화끈거리며 눈이 따가웠다. 두통은 만사를 귀찮게 했다. 이러한 증상은 퇴근시간이 가까이 오면 더 심해졌다. 그런 나를 보고 같이 근무하는 약국장님이 말씀하셨다. 상부의 열이 많다고. 상부의 열, 즉 심장의 열을 말한다. 심장의 열은 우리나라에서 말하는 '화(화병)'이다. 화병은 우리나라에만 국한된 질병이다. 세계적인 미국정신의학회에서도 한국문화에서만 볼 수 있는 정신의학적 증후군으로 정의해 우리말 그대로 '화병(hwa-byung)'이라고 표기·등재했다.

나는 약국에 있는 철분제를 챙겼다. 일반적으로 철분제는 임산부나 빈혈환자가 복용하는 것으로 알고 있다. 몸에 산소를 공급하는 일꾼이 줄어드는 것이 빈혈이기 때문이다. 산소를 운반하는 일꾼은 적혈구다. 적혈구의 관할청은 심장이다. 심장에서 피를 더 많이 자주 돌려 산소를 보내는 양을 유지한다. 즉 철분제를 복용함으로서 적혈구를 만들어내는 심장의 할 일을 줄일 수 있는 것이다. 철분이 부족하면 두통, 호흡곤란, 우울증 등과 같은 증상이 생긴다. 이것은 화병의 증상과 같다. 약국장님은 최소 3개월 정도는 복용해야 한다고 했다. 나는 철분의 흡수를 높여주는 Vit. C와 함께 5개월 동안 복용했다. 3개월이면 적혈구를 만들어낸다. 5~6개월 정도 복용을 하면 이미 만들어진 적혈구가 편하게 일할 수 있다. 그 후 나는 어깨통증과 충혈, 두통이 사라졌다.

몸이 가벼워지자 나는 마음도 가벼워지기 위해 방법을 모색했다. 스트레스를 떨쳐내는 것이다. 운동으로 복싱을 시작했다. 머리가 복잡하고 화가 날 때 펀치를 날리면 속이 시원했다. 운동을 하는 동안 스트레스를 잊을 수 있다. 무엇보다 내가 다니는 체육관에는 우리아이 친구들을 비롯한 또래 학생들이 많았다. 나는 학생들에게 학부모가 아닌 운동을 같이 배우는 친구로 다가갔다. 아들 문제로 고민 상담을 요청하기도 했다. 10대들의 입장에서 생각해보고자 노력했다. 땀 흘리며 열심히 운동하는 내 모습과 함께 그것은 아들의 귀에도 흘러 들어갔다.

'화병'이라는 것이 명명되었듯 화는 질병이다. 화가 습관이 되면 쌓이기 마련이다. 쌓인 화는 분노로 발전한다. 분노의 습성은 폭발이다. 분노가 폭발하면 사랑하는 가족에게 돌이킬 수 없는 상처를 입힌다. 나는 이것이 무엇보다 싫었다. 화내고 분노하는 자신에 자괴감과 수치심마저 들었다. 그것을 감추기 위해 또 다시 강한 척하며 화를 냈다. 습관이 된 화의 악순환이 시작되는 것이다.

사람은 살면서 여러가지 화나는 상황과 마주하게 된다. 그렇다고 그때마다 화 낼 수는 없는 노릇이다. 화를 내려놓는 습관이 중요하다. 나는 운동으로 화를 대신하였다. 나의 기준에 아이를 가두지 않았다. 담임 선생님이 그러했듯 화나는 상황이 아닌 오롯이 아들만을 바라봤다. 화를 내려놓자 아이와 대화도 가능해졌다. 그러자 내 마음도 편해졌다.

육아,
아무도 가르쳐주지 않았다

서점의 진열대를 보면 육아서적들의 비중이 늘어났음을 한눈에 알 수 있다. 심지어 몇 년 전부터 시작된 북유럽의 '스칸디대디' 영향으로 아빠 저자의 책들 또한 심심찮게 볼 수 있다. 이와 같이 부모인 나를 대신하여 아이들을 잘 키우는 방법들을 제시한 책들이 산재해 있다. 그럼에도 불구하고 많은 부모들이 육아에 대해서 고민하고 어려워하는 이유는 무엇일까?

강연가로 잘 알려진 김미경 씨에게는 피아노를 전공하는 아들이 있다. 그 아들의 고등학교 때의 일이다. 어느 날 담임선생님으로부터 전화가 왔다. 아들이 수업일수가 모자라 퇴학을 당할 지경이니 신경 써달라는 당부의 전화였다. 그녀는 그날 아들을 다그쳤고 듣고만 있던 아들이 이렇게 말하더란다.

"엄마 나, 정말 저~엉말 생각을 많이 했는데…, 엄마 때문에 말 못했는데…, 나, 이대로 계속 학교 다니면 계속 바보가 될 것 같아. 그러니까 나 자퇴할래."

그날로부터 며칠 후 그녀의 아들은 정말 자퇴를 했다. 그녀는 학교를 가지 않고 오후 늦게까지 자는 아들을 보며 세상이 무너지는 것 같았다고 했다. 일주일 가량을 수많은 번뇌에 휩싸여 괴로워하던 그녀가 내린 결론은 '자퇴파티'였다. 커다란 플랜카드까지 제작하여 자퇴한 아들을 독려했다.

"아들, 잘 했어! 엄마가 다 알아봤는데 괜찮은 뮤지션은 자퇴 정도는 해줘야 먹어준대! 그러니까 너는 유명한 뮤지션이 되기 위한 조건을 완벽히 다 갖춘거야!"

아들의 자퇴로 정말 많이 힘들고 부부싸움도 많이 했다고 한다. 답답하고 숨이 안 쉬어질 때 베란다로 나가서 가슴을 치고 소리 지르는 날도 많았다고 한다. 하지만 그 자락의 끝이 어디든 아들을 믿고 기다려주기로 했다는 그녀.

훗날 그녀의 아들이 엄마에게 쓴 편지에는 이렇게 쓰여 있다. '엄마는 내 인생의 파트너야. 엄마로 인해 나는 괜찮은 사람이란 것을 알게 됐어. 나를 믿어준 사람은 엄마가 처음이야. 엄마 사랑해.' 아들의 편지를 읽어주는 그녀의 젖은 목소리에서 세월의 감동이 오롯이 느껴졌다. 자신의 인생파트너로 엄마를 우선으로 꼽는 아들이 몇이나 될까? 세상 모든 사람이 아니라고 해도 자신을 끝까지 믿어준 엄마에게 사랑한다는 말을 하는 아들. 그 아들의 자존감은 그 무엇보다 단단하고 드높은 것이 자명하다. 내게는 이 일화가 다소 충격적이었다. 후회와 반성이 구름처럼 몰려들어 많은 생각들을 하게 했다.

창 너머 부서지는 눈부신 햇살이 나를 깨우는 아침이다. 이름 모를 새가 내 귀를 간지럽히며 모닝커피가 배달돼 온다. 애교 섞인 앙탈을 부리며 못 이긴 척 커피를 받아든다. 모닝키스를 나눈다. 커피와 어우러진 모닝키스가 달콤 쌉싸름하다. 사각거리는 옥양목을 힘차게 걷어차며 싱그러운 아침을 시작한다.

웃기는 소리하지 말라고 해라. 결혼은 현실이다. 결코 드라마틱하지 않다. 내가 꿈꾸는 아침과는 거리가 멀었다. 전날의 피로로 묵직한 몸은 자꾸만 침대를 파고들었다. 이를 무시한 핸드폰 알람소리가 나를 끌어내고 있었다. '오늘은 어떻게 깨워야 하나?', '오늘은 무사히 학교 보내고 출근할 수 있을까?' 나도 모르게 '제발'이라는 말이 푸념처럼 새어 나왔다.

아들 방으로 갔다.

"민수야, 일어나. 벌써 7시가 넘었어."
"알…았어…."

라디오 볼륨을 높였다. 우리 집 아침방송은 언제나 영어방송이었다. 아이들의 초등학교 3~4학년 정도부터였다. 그러다 대구MBC FM4U 〈김묘선의 FM모닝쇼〉로 갈아탔다. 아이들이 사춘기로 접어들면서 영어 방송을 틀어대는 나를 못마땅해 하는 눈치였기 때문이다. 김묘선 아나운서는 시들어가는 꽃조차도 피워낼 목소리의 소유자다. '통통'이라는 표현이 그렇게 잘 어울리는 아나운서를 본 적이 없다. 나의 아침도 '통통' 발랄할 수 있었으면 하는 바람이 포함되어 있었다.

아이 방에서는 아직 인기척이 느껴지지 않았다. 불안이 엄습했다. 다시 아이 방으로 갔다. '어쩌면 저렇게 곤히 잘 수 있을까?' 그 침대 속으로 나도 파묻혀 잠들어 버리고 싶은 심은 심정이다. 그대로 이 두려움이 잠식되었으면 했다.

"야! 김.민.수! 안 일어나? 지금이 몇 시인 줄 아니? 아침마다 이러면 어떡하는데? 오늘 또 지각할거야?"
"아, 몰라! 나도 모르겠다고!"

"뭘 몰라? 학생이 학교 갈 시간에 매번 이러면 어떡해? 아침마다 엄마도 죽겠다. 엄마도 출근하지 말어? 이렇게 해서 사회에 나가면 잘 살 수 있겠니?"

아들이 괴물처럼 '으르렁' 거렸다. 그러다 이내 기절하다시피 잠이 들었다. 몇 번을 반복했다. 정상적이라면 이럴 수 없다. 그렇다고 아들이 정상적이지 못하다는 말은 아니다. 나는 두려웠다. 아들의 괴이한 행동 때문이 아니다. 아들이 아파하고 있는 것이 보였다. 몸이 아닌 마음이 아픈 것이다. 모든 것을 포기하고 싶다고 생각할지도 모른다. 하지만 포기하고 싶은 마음조차 포기하고 싶기에 아들은 갈등하고 힘들어 하는 것이다. 그 모습을 보고 있자니 엄마인 나의 가슴은 천 갈래 만 갈래 찢어지는 듯했다. '아무것도 안 하면 아무 일도 일어나지 않는다.'고 했다. 앞으로 나아가고자 고민하고 행하지 않으면 당장에는 마음이 편할 수도 있다. 아들은 앞으로 나아가려고 싸우고 있는 것이다. 물론 아무렇지 않게 나아가는 아이들도 많다. 하지만 아이마다 성향이 다르다.

머리가 지끈거렸다. 가슴이 답답했다. 결국 천황보심단이라는 약의 힘을 빌렸다. 가슴을 쓸어내리며 생각했다. 윽박지르고 달래도 소용없다. 이럴 때는 기다려야 한다는 것을 몇 번의 경험을 통해서 안다. 나의 생각을 내려놓기로 했다. '평생의 하루다. 오늘 하루가 아들과의 평생을 그르칠 수도 있다. 학교 안가고 가출하는 아이도 허다한데…. 그래도 민수는 내 옆에 있잖아. 돌아올 것을 나는 믿는다.' 마음이 조금 편해졌다. 커피를 한잔 내리고 직장에 전화로 양해를 구했다. 빵으로 준비해둔 아침을 밥으로 바꿔 준비하고 기다렸다. 조금 있으니 인기척이 들렸다. 아이 방으로 갔다. 아들은 눈을 뜨고 멍하니 천정을 바라보고 있었다.

"민수야, 일어났어? 어떡해? 오늘 학교 쉴 거니? 근데 결석해도 괜찮겠어?"

"엄마, 그러면 무단결석이야. 점심시간 때 들어갈게."

"그렇구나! 무단결석은 더 안 좋은 거지? 우리 민수도 마음이 안 좋구나. 엄마는 몰랐네. 그래도 우리 민수가 생각은 다하고 있었던 거야."

아들이 씻겠다며 욕실로 갔다. 서두르는 기색이 역력했다. 나는 아들에게 밥을 든든히 먹이고 현관을 나서기 전 아무 말 없이 꼭 안아줬다. 시계는 12시를 가리키고 있었다. 아들이 나가고 베란다로 가서 아이의 뒷모습을 지켜봤다. 학생이라고는 아무도 안 보이는 시간에 홀로 걸어가는 아들의 모습에 가슴이 아팠다. 하지만 지금 학교로 향하는 한걸음 한걸음이 자신의 내일을 위한 발걸음이라 생각했다.

각종 육아서적들이 쏟아지고 있으나 그것을 맹신하다 오류를 범했던 나였다. 그렇다고 해서 친절하게 육아에 대해서 알려주는 이도 없었다. 각자마다의 상황이 다르기 때문이다. 오롯이 나의 공부였다. 아이를 낳고 20년의 매일 매일이 공부였다. 공부를 하며 다치는 경우도 허다했다. 예습은 없었다. 치열한 복습만이 존재했다.

좋은 마음의 밭은 바로 '엄마'다. 내 아이의 마음 밭에 뿌려진 씨앗이 어떠한 열매를 거둘 것인가를 엄마는 상상할 수 있어야 한다. 아이의 마음 밭이 옥토가 되기 위해서는 엄마 스스로의 공부가 필요하다.

감정 일기

엄마 스스로의 감정을 알지 못한다는 것은 매우 위험한 일이다. 눌려 있던 감정은 쌓이고 분노하여 엉뚱한 데서 터지기 마련이다. 그 상대가 대부분 가족이고 내 아이가 된다. 그것이 반복이 되면 행복한 가정이 될 수 없는 것은 불 보듯 뻔하다.

엄마 스스로의 감정을 인정하고 이해할 수 있어야 한다. 복잡한 감정을 정리하기 어려울 때도 있을 것이다. 그것의 방법으로 노트에 적어보는 것을 권한다. 일기를 쓰듯 적다보면 스스로의 감정으로부터 자유로워짐을 느낄 수 있다.

화가 났던 상황, 화를 냈던 상대, 화를 냈던 방식, 화를 내고 발생된 결과 등을 쓴다. 쓰다보면 응용이 된다. 다음에 비슷한 상황이 발생되면 어떻게 대처할 것인지를 스스로 찾게 된다. 조금씩 변화되는 나를 발견할 수 있다.

| 06

육아는
노력만으로 되는 것이 아니다

　토요일이라는 이유 하나만으로 충분히 행복한 주말 오후였다. 더군다나 봄의 한중간에 서 있었다. 조금 있으면 먼 곳에서부터 라일락이 소식을 전할 것이다. '라일락 꽃향기 맞으며 잊을 수 없는 기억에~' 이맘때면 나의 잊을 수 없는 기억은 이문세 오라버니다. 참 많이 좋아했던 오라버니다.

　나는 문세 오라버니의 노래를 흥얼거리며 아직 도착하지 않은 보랏빛 라일락 향을 그렸다. 아파트 정문 앞 라일락을 향해 찡긋 윙크를 날리고는 고개를 돌렸다. 놀이터 한쪽에 아들이 보였다. 대여섯 명의 친구들도 있었다. 그렇다. 오늘은 친구의 생일이라 했다. 나는 다가가서 아이들에게 인사를 했다.

그런데 뭔가 분위기가 심상치 않았다. 대여섯 명의 친구들이 아들을 둘러싸고 있었다. 아들은 무엇인가에 잔뜩 화가 나 있어 보였다.

"민수야 왜 그래? 얘들아 무슨 일이니?"
"민수가 저한테 돌 던졌어요!"
"돌을 던졌다고? 다치지는 않았니?"
"네, 발 밑 땅에 떨어졌어요."
"민수야 왜 그랬어?"

아이들이 갑자기 아들을 따돌리고 자기네들끼리 마구 달렸다는 이유였다. 자세한 내막은 이러했다. 생일파티가 끝나고 아들을 제외한 나머지 친구들이 우리 아들만 빼고 달리기 시작했다. 약이 오른 아들이 친구들에게 왜 그러냐고 물었으나 친구들은 킥킥 웃기만 했다. 아들은 억울했다. 친구들은 장난이었으나 잘못한 것 없는 아들은 이러한 상황이 이해도 납득도 되지 않았다.

"민수가 돌을 던진 것은 잘못한 것 같구나. 민수야 친구가 다쳤으면 어쩔 뻔 했어? 그리고 얘들아 장난도 좋지만 한 친구를 따돌리는 건 좀 아닌 것 같아. 니들이 민수라면 기분 나쁠 수도 있지 않을까?"

"네."

"어때 서로 화해할 수 있겠니?"

"…."

"아줌마가 아이스크림 사줄까? 같이 슈퍼 갈래?"

"아니요."

아이들은 아직 화해할 마음이 없었다. 어른인 내가 더 이상 개입하면 안 될 것 같았다. 별 수 없이 나는 아들을 데리고 집으로 돌아왔다. 집으로 와서 속상한 아들과 마주 앉았다. 다시 상황을 설명하는 아들은 억울함에 눈물까지 흘렸다.

"에고…. 우리 아들 속상해서 어쩌나? 월요일 학교 가면 친구들은 아무렇지 않게 다시 너랑 놀게 될 거야."

월요일에도 아이들은 화해를 하지 않았다. 오히려 자기네들끼리만 더 똘똘 뭉쳐 놀았다. 그렇게 아들은 '왕따'가 됐다. 아들은 본인이 돌을 던진 것이 미안하면서도 원인 제공은 친구들이라고 말했다. 왜 아무런 잘못도 없이 본인을 따돌렸는지 분명한 이유를 알고 싶어 했다. 평소 자기 기준이 확고한 아들이다. 잘못에는 이유가 있어야 한다고 생각하는 아들이다. 본인은 잘못이 없었다. 돌을 던진 건 잘못했으나 그렇게 되기까지의 이유가 필요했다.

이유를 알지 못한 채 1년이라는 시간이 지났다. 초등학교 4학년이 된 아들은 새로운 친구들과 잘 어울리고 있었다. 학교를 다녀오면 친구들 이야기를 하고 즐거워했다. 적어도 그때까지는 그렇게 생각했다.

"민수 어머니, 민수 담임입니다. 상의할 일이 있어서 그런데 언제 학교로 한번 와 주시겠어요?"

오후 근무가 막 시작되는 어느 날 담임 선생님으로부터 전화가 왔다. 가슴부터 덜컹 내려앉았다. '학교에서 무슨 일로 나를 찾을까? 분명 선생님은 민수가 잘못한건 없다고 했는데….' 나는 뭔가 불안했다. 하지만 아들에게 캐묻지 않았다. 정확한 내막을 모르고 하는 질문은 아이를 채근하기 마련이다.

다음 날 오후 반차를 내고 학교를 찾았다. 학생들이 빠져나간 학교는 적막함마저 감돌았다. 전화상으로 담임 선생님께서 교무실이 아닌 우리 반으로 오라고 했다. 교실에서 마주한 선생님은 매년 3월 초에 실시되는 '학교폭력조사'를 실시했다고 하셨다. 거기에 우리 민수가 '학교폭력을 당한 적이 있다'고 답했다고 했다. 폭력의 내용은 작년에 있었던 '왕따'였다.

그것으로 인하여 해당 학생들의 조사가 시작되고 그 학생들의 부모까지 학교로 불렀다는 것이다. 해당 부모들은 마치 자기 자녀가 '범죄자'라도 된 듯한 처사에 반발했다. 교장실로 찾아 와서 폭언까지 일 삼았다고 말씀을 해주셨다. 어쨌든 사건(?)의 맥락상 우리 아이는 피해자이니 피해자 보호차원에서 함구하고 있었다고 하셨다. 그러다 사건이 커지자 어쩔 수 없이 부모인 나에게 연락을 해온 것이다.

이글을 읽고 있는 독자들은 어떻게 생각하는가? 나는 너무 황당해서 아무 말을 할 수 없었다. '사건'이 아니라 그저 철없는 남자아이들의 '놀이'였던 것이다. 그 일은 아들이 초등학교 3학년 때 있었다. 일 년 뒤 초등학교 4학년이 될 때까지 아무도 자기 마음을 몰라줘 속상했던 것이다. 그런 마음을 얘기하고 싶었던 것뿐이다. '고자질'이 아니다. 친구를 혼내주려는 의도가 아니다.

'발 없는 말이 천 리를 간다'고 했다. 학교에서는 쉬쉬하고 있었지만 학생들 사이에서 소문은 급속도로 퍼져 나갔다. 아들은 정말 '왕따'가 됐다. 소문이라는 것이 원래 표면적인 말에 전하는 사람들의 감정이 이입되는지라 아들은 '고자질한 나쁜 친구'가 됐다.

"너는 왜 그런 것을 고자질해서 쟤들을 울리니?", "너무 심한 것 아니야?"라는 말들이 아들 귀에 들어왔다. 나는 참을 수가 없었다. 가해자가 된 아이들 때문이 아니다. 내막을 모르고 소문만 퍼트리는 아이들 때문도 아니다. 어른들에게 화가 났다. 어떠한 사건, 아니 '일'에 대해서 꼭 문

서화하려는 이 나라의 실태가 한심스러웠다. 과연 그것이 교육이란 말인가? 정작 우리아이들을 위한 교육이 맞는가 말이다.

"선생님, 아시잖아요! 민수가 말하려던 것은 그것이 아니잖아요! 민수는…. 우리 민수는 그저 자기 마음을 알아 달라고 하는 거잖아요! 이 나라 아직까지 왜 이래요? 아이들이 놀다가 장난친 것을. 그냥 공동미술작업 같은 것을 시키는 게 낫잖아요. 억지로라도 같이 작업하다보면 작품이 완성되는 것에 성취감도 느끼고 그것을 계기로 다시 친해질 것을…. 그걸 꼭 '결재'라는 과정을 거쳐서 우리 아이들을 '피해자', '가해자'라고 구분 지어야 하는 건가요?"

"네, 어머님. 저도 너무 속상합니다. 저도 말씀을 드렸지만 민수가 적어내는 순간 완결되어야 한다는 교육청 방침이라…. 제가 중간에서 어떻게 할 도리가 없어…. 죄송합니다."

담임 선생님이 나의 두 손을 꼭 잡고 머리를 조아렸다. 옆 반에서 자료를 들고 오시던 선생님이 이 모습을 지켜봤다. 그 선생님이 내 무릎 아래 내려앉으려 하셨다. 나는 "선생님들 잘못이 아닙니다. 우리 어른들 잘못입니다."라고 말하며 선생님을 일으켰다. 세 사람은 한참을 흐느끼며 서로의 가슴을 쓸어내렸다.

그 일이 있고 몇 달 후였다. 아들은 신발도 제대로 벗지 못하고 나에게 소리쳤다. "엄마! 엄마! 오늘 승현이가 나한테 '안녕'이라고 인사했어!" 그리고 또 며칠 후 "엄마! 엄마! 내일 현식이가 같이 야구하자고 했어!"

아이들은 크면서 다투기도 한다. 아이들은 자기들만의 방식대로 화해하는 방법을 안다. 그 과정 중에서 감정들을 공감해주면 된다. 공감으로 아이들은 위로를 받는다. 스스로 새롭게 나아갈 수 있는 힘과 용기를 찾게 된다.

며칠 전, 한때 아들의 가해자가 됐던 친구들이 우리 집에서 자고 갔었다. 치킨 세 마리를 게 눈 감추듯 먹어치운 아이들은 7년 전 그때처럼 장난치며 밤을 함께 했다. 문 밖으로 새어 나오는 아이들의 웃음소리가 행복한 밤이었다.

| 07

부모가 화내는 이유는
아이 때문이 아니다

나는 언제나 바빴다. 오히려 바쁘지 않으면 불안했다. 학창시절에는 주경야독으로 학교를 다녔다. 집안의 대소사도 언제나 내 몫이었다. 나는 고등학교 때부터 관공서에서 아르바이트를 했던 터라 그것이 당연하게 생각되어졌다.

결혼 후에는 아이를 키우며 시어머니께 충실했다. 출산으로 인해 디스크가 있던 나였다. 그런 허리로 아이를 업고 시어머니를 위해 반찬을 만들었다. 미련하게도 반찬가게는 아예 생각지도 못했다. 주말이 되면 우리 부부는 반찬을 들고 시어머니가 계시는 경남 합천으로 향했다. 시어머니께서는 집안의 장손인 우리 아이를 보고 싶어하셨다. 남편 또한 그것을 즐기는 눈치였다.

눈물 날만큼 힘들 때도 많았다. 한번쯤은 우리 가족만을 위한 주말을 갖고 싶었다. 하지만 우리 스스로의 선택이었다. 시어머니께 세 번, 친정에 한 번. 그렇게 한 달이 채워졌다. 어머니가 돌아가시기 전까지 계속됐다. 벌써 시어머니가 가신 지 14년째다. 지금도 시어머니에 대한 후회는 없다. 힘들 때는 '우리 엄마라면 하지 않겠어?'라는 생각으로 성심을 다했다. 시어머니 장례를 치르고 집으로 돌아 온 날 남편이 말했다.

"자기야, 고맙다. 엄마한테 잘 해줘서 고마워…. 자기 발밑에 엎드려도 좋을 만큼…."

결혼 후 한 달이 조금 못돼 제사가 있었다. 근무 때문에 남편은 못가고 나 혼자 다녀왔다. 왜 그랬을까? 위로 형님들이 세 분이나 계시는데 다들 일이 있다고 늦게 오셨다. 긴장과 두려움 속에 숙모님께 여쭤보며 음식 장만을 했다. 집에 오니 새벽 두 시가 훌쩍 넘어가고 있었다. 씻을 힘도 없었다. 나는 신음소리를 내며 거실 바닥에 쓰러져 잠이 들었다. 계란 프라이밖에 못하던 내가 30명에 가까운 음식을 준비했던 날이다.

그로부터 얼마 되지 않아 시댁 가족회의가 있었다. 제사가 주제였다. 여러 의견이 나오고 있었다. 30년 가까이 다른 환경의 다른 가정에 자란 나는 이해되지 않는 부분도 많았다. 하지만 나는 함구했다. 새파란 새색시가 아직 입을 대면 안 될 것 같았다. 최종적으로 의견을 수합함에 있어 이제 막 막내며느리가 된 내게도 의견을 물으셨다.

"저는 이 사람 보고 시집왔어요. 이 사람 뜻에 따르겠습니다."
"야~ 제수씨 대단합니다! 막내야 니 좋겠다!"

내가 현모양처는 아니다. 오히려 결혼 전에는 독단과 독설이 난무하던 나였다. 하지만 내 친정엄마가 그러하셨다. 종갓집 장손에게 시집와서 일 년에 열세 번의 제사를 지냈다. 조상 모시는 것은 당연하다고 생각했다. 그래서일까? 현재는 친정엄마처럼 종갓집 6남매의 막내인 우리가 제사를 모시고 있다.

나는 엄마를 많이 닮았다. 외모는 물론이고 성격 또한 그렇다. 항상 일복이 많고 몸을 아끼지 않는다. 가끔은 적당히도 필요한 법이다. 내 몸이 피곤하니 마음도 피곤했다. 분명 누가 시킨 것이 아니다. 스스로 하면서 너무 잘하려 한다는 것이 문제다. 엄마는 어떻게든 살아야하니 몸을 부지런히 놀려야 했다. 나는 어릴 때 이모 집에 살면서 밉게 보이면 안 된다는 생각이었다. 예쁘게 보이는 것이 아니라 밉게 보이면 안 되는 것이다. 그것이 기준이 되고 규율이 되었다. 기준과 규율에서 벗어나면 스트레스를 받았다. 인정을 못 받으면 화가 났다.

바쁜 만큼 나는 활동적인 사람이다. 사람을 좋아한다. 여러 부류의 사람을 만나고 그 안에서의 배움을 즐긴다. 또한 홀로 훌쩍 떠나는 것을 좋아한다. 이러한 여행은 느낌이 전부다. '느낌'을 느끼는 것이다. 이것은 현실을 살아가는 에너지가 됐다.

이 모든 것이 아이를 낳으면서 꿈조차 꿀 수 없는 현실이 됐다. 자는 시간까지 하루 24시간을 아이에게 쏟아야 했다. 먹고 자고 입는 것, 어느 하나도 자유로운 것이 없었다. 지금도 무엇 때문인지 모르겠다. 우리 아이는 참 많이 울었다. 두 아이 모두 그랬다. 특히 큰아이를 키울 때는 육체적으로 많이 힘들었다. 큰아이는 업히는 걸 싫어했다. 팔로 안아 흔들어줘야 겨우 잠들었다. 그것도 아주 잠깐씩. 아이가 15개월이 되어서야 재울 때 함께 누울 수 있었다. 그 이전까지는 아기가 잠들었다 싶어 옆에 누우면 귀신같이 알고 울어댔다. 그래서 어쩔 수 없이 벽에 기대어 쪽잠을 자곤 했다. 한번은 야간근무 중인 남편에게 전화를 했다. 밤 12시가 넘은 시간이었다. 아무리 해도 아이가 달래지지 않았다. 우리는 빌라 1층에 살고 있었는데, 아이의 울음소리는 꼭꼭 닫힌 창문을 넘고 있었다. 이웃주민들에게 항의가 들어올 것 같았다. 나는 금방이라도 쓰러질 것 같았다.

회사에 잠깐 양해를 구하고 남편이 왔다. 중저음의 아빠 목소리 덕분일까? 아이는 얼마 지나지 않아 진정됐다. '조금만 더 참아볼 걸 그랬나?'

남편에게 미안했다. 아이가 야속하기까지 했다. "얼른 밥 먹어. 다시 들어 가봐야 돼." 남편이 말했다. 시장기가 있음에도 밥이 모래알 같았다. 그래도 먹어둬야 새벽까지 아이를 볼 수 있다. 물에 말아서 대충 모래알을 삼켰다. 샤워조차 자유롭지 못했다. 팔에만 비누칠을 몇 번 했는지 모른다. 거품을 내면 어김없이 아이가 깼다. 비누칠을 하다 말고 우는 아이를 달래러 나가는 일이 허다했다. 자유롭던 예전과는 다르게 갇혀 있다는 생각이 들었다. 돌파구가 필요했다. 숨을 쉬고 싶었다. 어느 날 남편에게 한 가지 제안을 했다. 수십 번 생각하던 것이었다.

"자기야, 나 너무 답답하고 힘들어서 그러는데 우리 두 달에 한 번 꼴로 각자에게 하루씩 휴가를 주는 건 어떨까?"

"그건 아직까지 힘들 것 같은데. 나 혼자 애 보는 것 힘들어."

"왜 안 되는데? 나는 맨날 갇혀서 혼자 다 하는데!"

혼자 아이 보기가 두렵다는 남편이었다. 나는 남편이 야속하게 느껴졌다. 남편을 이해 못하는 건 아니지만 섭섭함이 앞섰다. 나의 섭섭함은 화가 되어 남편과 아이에게 되돌아갔다. 남편과 소소하게 다투는 일이 잦았다. 독박육아에 가사, 집안의 대소사까지 겹쳐지니 나는 자꾸만 짜증이 났다. 남편을 책잡자는 것은 아니다. 남편은 가정적이고 집안일도 잘 도와주는 사람이다. 가끔이지만 고마움도 표현한다. 몸이 힘들긴 했지만 아이가 세상없이 사랑스러운 것은 당연했다. 아이 이름 석 자를 부르는 것만으로도 가슴이 벅차올랐다. 단지 내 갈증의 원인이 다른 곳에 있었던 것이다.

거울 속에 낯선 여인이 있다. 거무튀튀한 얼굴이다. 미간에는 내 천(川)자가 깊게 패어져 있다. 입 꼬리가 쳐져 있다. 양 볼은 심술이 가득하다. 눈매가 날카롭다. 덮개식으로 되어 있는 화장대의 거울을 덮었다.

'결혼해서 내가 얻은 것이 이 얼굴인가?', '이제는 웃음 많던 20대가 아니구나!' 서글프고 슬펐다. 결혼하기 전에는 사람들이 오해한다며 자꾸 눈웃음치지 말라고 했다. 학교에서도 항상 웃는 학생이라고 선생들께서 말씀하셨다. 이제 그런 나는 없었다. 나는 언제부터인가 사진도 잘 안 찍는다. 사진은 왜 똑같이 사람을 그려내는 것인지! 나를 들키는 것 같아서 싫었다. 그냥 그렇게 덮어두고 싶었다.

재테크 차원에서 부동산 공부를 할 때다. 같이 공부하던 동기 중에 유독 잘 웃는 분이 계셨다. 이미 자녀들을 다 출가시킨 60대였다. 손녀를 봐주며 틈틈이 공부하시는 분이었다. 60대라는 나이에도 배움의 열정을 다하시는 모습이 존경스럽기까지 했다. 나는 이 분에게 의도적인 접근을 했다. 친해지고 싶었다. 연륜으로 봐도 삶의 경험으로 인한 지혜가 있을 법했다. 무엇보다 늘 웃으시는 모습이 나를 끌어당겼다.

나중에 알게 된 사실이지만 60대라는 나이에도 임대아파트에 살고 계셨다. 그동안의 힘겨움이 가늠되었다. 그분은 언젠가부터 눈물도 나오지 않더라고 하셨다. 그래서 웃는 연습을 시작했다고 했다. 그렇다보니 늘 웃게 되었다고 한다. 정말 대단하다는 생각을 했다. 사실 외관상으로는 온실의 공주처럼 살았을 것 같은 외모다. 관상은 만들어가는 거라는 생각이 들었다. 그분을 보면서 거울 속에 비춰진 내 모습을 끄집어냈다. 그리고 나도 웃기 시작했다.

실패한 사람들은 문제의 원인과 해결을 외부에서 찾는다. 이러한 사람들은 상대방만 탓하고 나 자신을 바꾸려는 노력을 하지 않는다. 문제의 원인도 모른 채 문제를 해결할 수 없는 법이다. 반면 성공한 사람들은 그 문제의 원인과 해결을 내부에서 찾는다. 모든 문제의 절반은 나한테 있다는 생각으로 내면에서 원인을 찾아 지혜롭게 해결한다.

나 역시 상대방을 탓하고 환경을 원망했다. 수없이 요구하고 화를 냈지만 결국은 내 안에서 내가 바뀌어야 함을 알게 되었다. 내가 바뀌니 생각이 바뀌고, 생각이 바뀌니 보여지는 것 또한 바뀌었다. 여러분들도 오늘 아이에게 화낸 것이 정작 아이 때문인가를 정직하게 생각해보길 바란다.

2장 |

아이가
원하는 사랑은 따로 있다

| 01

소리치기 전에
아이의 마음부터 들여다보라

"담비야, 담비야."

팔·다리를 들어봐도 이내 힘없이 늘어졌다. 나를 쳐다보는 눈에 초점이 없었다. 모든 것을 포기한 눈망울이다. '제발 힘을 내줘.' 주문을 외듯 나 또한 담비의 눈을 응시했다. 흐려진 나의 눈은 희망을 말하고 있었다. 며칠부터 아팠다고 한다. 두려워진 친정엄마가 늦은 저녁 담비를 안고 오셨다. 담비는 친정엄마가 키우는 강아지다.

밤이 깊었지만 잠을 이룰 수 없었다. 선잠을 자면서 담비를 지켜봤다. 담비는 숨소리조차 내기 힘들어 했다. 배가 풍선처럼 부풀어 있었다. 자칫 잘못 손을 대면 담비의 배가 곧 터질 것 같았다. 친정엄마는 거실에서 거의 뜬 눈으로 밤을 새다시피 하셨다. 이른 새벽 거실에 담비가 안 보였다. 욕조 바닥에 누워 있었다.

"엄마 담비 추운데 왜 여기다 놔뒀어?"
"그게…. 입으로 뒤로 핏물 같은 것이 흘러 나와서…."
"엄마, 그래도 추울 텐데…."

그때였다. 며칠 목소리를 들을 수 없었던 담비가 외마디 비명을 질렀다. 묽은 피가 뒤로 쏟아져 나왔다. 담비의 배가 바람 빠진 풍선처럼 쭈글해졌다. 너무 무서웠다. 그 모습이 무서운 것이 아니라 담비가 죽을까 봐 겁이 났다. 친정엄마는 따스한 물로 씻겨서 아주 조심스럽게 담비를 닦아 주었다. 젖은 채 거실로 나와 누워있는 담비는 여전히 우리를 쳐다보고 있었다. 나도 모르게 눈물이 났다. 담비가 멀어질 것 같아 자꾸만 눈물이 흘렀다. 초점 없는 담비의 눈은 편안해 보였다. 그 모습을 작은 아들이 같이 지켜보고 있었다. 나는 아들이 보지 않았으면 했다. 하지만 이미 작은아들은 닭똥 같은 눈물을 흘리고 있었다.

"뭐 쳐다보고 있는데? 얼른 학교가라!"

신랑의 호통이 너무 야속했지만 대꾸할만한 마음의 여력이 없었다. 아들의 등교를 준비해주고 나 역시 출근 준비를 했다. 혼자 남을 친정엄마가 걱정됐다.

"엄마, 10시 되면 동물병원 문 여니까 그전에 준비해서 병원에 다녀와. 무슨 일 있으면 전화하고…. 혼자 해결하려고 하지 말고 전화하면 바로 올 테니 병원 가서 꼭 전화부터 해."

"알았어. 불쌍해서 우짜노. 많이 아플 텐데 아프다 소리도 못하고…. 불쌍해서 우짜노, 우짜노."

"민수야, 있다가 병원 다녀오면 괜찮을 거야. 걱정하지 말고 학교 잘 다녀와."

"어, 엄마…."

무거운 발걸음으로 출근했다. 근무 중에도 계속 마음이 무거웠다. 친정엄마의 전화는 없었다. '별일 없이 괜찮겠지. 그러니까 전화가 없지. 엄마는 항상 나 바쁘다고 나중에 말씀하시니까. 다 괜찮아지면 전화가 올 거야.' 스스로 마음을 추스리며 긍정적인 생각을 하려 노력했다. 오랜만에 단골환자분이 방문 했다. "어머니, 얼굴 좋아 보이세요! 근데 어머니 왜 이렇게 예뻐지셨어요? 어머니 연애 하셔도 되겠는데요!" 일흔이 훌쩍 넘은 어르신이었다. 고질적인 신경통으로 병원을 내 집 드나들 듯 다니시는 어르신이다. 어르신들의 지병은 대개 비슷하다. 젊은 시절 몸을 아끼지 않은 데서 오는 만성 질환이다.

나는 항상 마음만이라도 아프지 않게 기분 좋은 인사를 건네곤 했다. "아이고마~ 쌤 머라카능교? 연애는 무슨~ 아무튼 기분은 좋네!" 주름진 어르신 얼굴이 잠시나마 펴지는 걸 보니 나도 기분이 좀 나아졌다. 그때였다. 핸드폰이 울렸다. 발신자 표시에 '울 엄마'라고 떴다.

"여보세요! 엄마, 병원은? 병원에서 뭐라고 해?"
"… 갔다."
"어? 뭐라고? 뭐가 갔다고?"
"담비…, 갔다."

친정엄마는 내가 출근한 뒤 담비가 추울까 봐 조심스레 털을 말려 주고 있었다. 축 처져 있던 담비의 팔·다리가 뻣뻣해 옴을 느낀 엄마는 담비를 소리쳐 불렀다고 했다. 초점 없는 눈이지만 끝까지 시선의 끝을 놓치지 않던 담비의 눈동자가 덮여 있었다고 했다. 오랜 세월, 만 가지의 경험이 있는 친정엄마는 이미 늦은 것을 알았다. 그렇다고 그대로 둘 수는 없는 노릇이다. 엄마는 담비를 두 겹 세 겹 쌌다. 담비가 추우면 안 되었다. 담비를 가슴에 품고 병원으로 가셨다. 동물병원 의사가 친절하게도 늦었음을 확인시켜줬다. 그런 친절은 안 베풀었으면 좋으련만.

"엄마, 애 쓰셨어. 담비는 우리한테 와서 사랑받고 오래 살았어. 엄마, 근데 민수는? 민수한테 뭐라고 했어?"

"글쎄…. 담비가 안 보이면 알 건데 아무것도 묻지 않고 학원 갔어."

담비는 민수와 같이 컸다. 민수가 태어나고 얼마지 않아 지인으로부터 선물 받아 친정으로 왔다. 민수에게 친구도 되어 주고 동생도 되어 주던 담비다. 민수가 한 살 먹으면 담비도 한 살 먹었다. 우리 집에 와 있는 날도 많았다. 민수가 지나가다 발로 툭 치면 그대로 받아주던 담비다. 같이 장난치고 놀자고 애교 부리던 담비다. 그렇게 담비는 생후 3개월에 와서 15년을 민수와 같이 자라고 민수 곁을 떠났다. 민수 나이 역시 열다섯 살 때다.

학원에서 돌아 온 저녁, 아들을 앉혔다. "담비는 우리 옆에서 많은 사랑을 받고 갔으니 마음 아파하지 마. 아마 더 시간이 지났으면 담비는 더 많이 아팠을 거야. 그래도 우리 얼굴 보고 가려고 담비가 왔잖아. 끝까지 민수를 보고 가려고 했나보다." 아무 말 않고 고개를 숙이고 있는 아들을 안았다. 아들이 '꺽~꺽' 소리를 내며 울기 시작했다.

퇴근해서 온 남편이 이 모습을 보며 버럭 화를 냈다. 한낱 짐승이 죽었는데 울고 있냐는 것이다. 남편의 본심이 아님을 나는 안다. 남편은 단지 표현하는 방법을 모르는 것뿐이다. 아니나 다를까 일 년쯤 지나니 남편이 말했다. "담비 있을 때 좀 더 잘해 줄 것을…." 나는 담비가 죽던 그날 소리치는 아빠를 향한 아들의 눈빛을 봤다. 아빠를 노려보고 있었다. 이제 겨우 열다섯인 아들이 아빠를 어떻게 생각할까? 나의 부연 설명이 필요했다. 아빠를 오해하면 안 되는 것이다. "남자들은 표현을 잘 못 하잖아. 아빠도 담비를 많이 좋아했어. 외식할 때 언제나 담비에게 줄 고기는 아빠가 따로 챙겼잖아. 아빠도 속상하고 슬픈 거야." 아들이 눈에서 힘을 뺐다.

그 이듬해 아들의 책상을 정리하다 한 장의 쪽지를 발견했다. 학교에서 마인드맵 그리기를 했던 것 같다. '나'를 찾는 마인드맵이었다. 거기에는 꿈, 가족, 친구, 즐거웠던 일, 슬펐던 일 등으로 지도가 뻗어나가고 있었다. 나의 눈에 들어오는 것은 '내 인생에서 가장 슬펐던 일'이었다. 그 공간에는 '담비의 죽음'이 있었다. 충격, 슬픔, 그리움, 미안함, 사랑 등으로 거미줄처럼 지도가 이어지고 있었다. 아주 조그마한 강아지 한 마리가 쪼그려 앉아 꼬리를 흔들고 있었다. 그림을 좋아하는 아들이 담비를 그려놓은 것이다.

민수가 태어나서 15년 동안 두 번의 '죽음'이 있었다. 한번은 민수가 네 살 되던 해 시어머님, 또 한 번은 담비였다. 시어머니께는 죄송하지만 민수는 할머니 기억은 많이 없다고 했다. 민수가 많이 어릴 때였다. 민수가 체감할 수 있는 죽음은 담비가 처음인 셈이다.

연인들이 하루 종일 시간을 함께 하고도 여자의 집 앞에서 인사가 길어지는 이유는 무엇 때문일까? 헤어지기 아쉬워서? 아니다. 여자의 마음을 읽지 못한 남자 때문이다. '사랑해'라는 말 한마디면 된다. 여자의 마음은 사랑을 확인하고 싶은 것이다. 이 한마디를 빠뜨려 섣부른 판단을 하는 경우가 종종 있다.

부모 · 자식 간에도 마찬가지다. 아이가 다 알 것이라고 혹은 아이가 어리다고 무시하는 언행을 해서는 안 된다. 평소 우리가 하는 말이 아이에게 어떠한 영향을 미칠지 생각해야 한다. 아이가 무엇을 원하는지 아이의 마음상태가 어떤지 들여다보는 노력이 필요하다. 하루 30분만 아니, 10분이라도 투자하자. 아주 작은 노력으로 아이와의 관계가 호전될 것이다.

육아의 첫 번째는
경청이다

"엄마, 나 여자 친구와 오늘 헤어졌어."

아들이 두유를 데우기 위해 전자레인지에 넣고 있었다. 나는 내 귀를 의심했다. 이별을 말하는 아들의 표정이 너무 행복해 보였기 때문이다. 여자 친구를 싫어했던 건 아니다. 그 애가 왜 좋으냐는 내 질문에 '이유 없이 그냥 좋다'던 여자 친구다. '그냥 좋다'는 것은 정말 좋아한다는 것이다. 그런데 이렇게 즐거운 표정이라니.

며칠 전부터 아이가 좀 이상하다고 느꼈다. 생각이 많아 보였다. 뭔가를 말하려다 삼키곤 하는 모습이 역력했다. 학업에 집중도 잘 안했다. 늦은 취침에 의미 없는 핸드폰을 보곤 했다. 짜증도 늘고 있었다.

"왜? 왜 헤어졌어? 걔 공부한다고 너랑 안 논대?"

"아니, 그게 아니라 조금 다투기도 했는데 그게 이유는 아니고. 걔가 아르바이트에 학원도 많이 다니고…. 그래서 나한테 미안하기도 하고…."

"근데 너 왜 이렇게 즐거워?"

"서로 생각만 갖고 있다가 오늘 만났는데, 정말 많은 이야기를 했어. 공부도 얘기하고 서로 처한 상황도 얘기하고 앞으로 어떡하면 좋을지도…. 딱 꼬집어서 답이 나온 건 아닌데 얘기를 하고 나니 후련해. 그 애도 그렇대. 서로 좋게 얘기하고 그냥 친구로 만나기로 했어~."

처음 사귄다고 했을 때 "걔 좀 덜 생겼던데?"라고 내가 농담했던 여자 친구였다. 이런 나의 농담에 웃으며 그냥 좋다고 했다. 아직 어린 풋사랑이지만 어쨌든 돌고 돌아 다시 만난 사랑이었다. 오히려 내가 아쉬운 마음이 들었다. 아들에게 긍정의 힘을 많이 준 여자 친구였다. 그 친구로 인해서 자신의 꿈에 대한 동기부여를 많이 받았다. 나는 하던 일을 멈추고 아들과 마주 앉았다. 여전히 아들은 웃고 있었다. 정말 편안해 보였다. 어느새 아들이 훌쩍 큰 느낌이 들었다.

"우리 아들 많이 컸네~ 생각도 많이 깊어지고. 스스로 생각을 정리하는 힘도 생겼어. 그리고 아들, 지금까지 만난 여자 친구들보다 앞으로 더 많은 더 좋은 여자 친구를 만나게 될 거야. 넌 내 아들이잖아. 잘 생겼잖아~ 근데 엄마도 그랬지만 니가 수십 명의 사람들과 연애를 하고 만나도 정작 어른이 됐을 때 기억에 남는 사람은 몇 명 없을 거야. 그리고 사람들은 좋은 기억만 기억하고자 한대. 실수로 안 좋은 기억을 담고 있는 경우가 있지만 좋은 기억이 대부분이야. 그것을 추억이라고 얘기하지. '추억이 아름답다'고 표현하잖아! 슬프고 가슴 아픈 기억도 추억이 될 때는 아름다운거야. 그 친구는 너한테 그럴 수 있는 친구인 것 같다."

"어, 엄마. 나도 그럴 것 같아. 정말 좋은 친구야."

"그게 경험에서 오는 것이거든. 엄마가 미안한 것이 엄마는 니들에게 우산을 준비해준 엄마였다는 거야. 엄마가 어제 쓴 글이 그런 거였어. 엄마 성격이 완벽하려다 보니 엄마가 다 챙겨줬잖아. 엄마가 우산을 안 챙겨줬으면 니들이 일기예보를 찾아봤겠지? 아니면 친구에게 우산 빌려달라고 말할 수도 있을 테고. 엄마는 그 기회를 뺏었던 거야."

눈웃음지며 듣던 아이의 눈이 살짝 붉어졌다. 나는 모른 체 하고 계속 말을 이었다.

"엄마는 그것이 니들한테 미안해. 엄마가 좀 더 일찍 공부해서 니들한테 잘했으면 좋았을 것을…. 좀 더 좋은 엄마가 될 수도 있었을 텐데. 엄마가 요즘 글 쓰며 많이 느껴. 미안하고 잘못했던 거…. 니들 20년 키우고 이제 보이네. 미안해."

"아이다~ 지금도 잘하고 있다. 엄마가 못한 것 없다~."

이번에는 내가 울먹였다. 지금껏 아이를 위한다는 명목으로 했던 행동들이 주마등처럼 스쳤다. 가슴이 북받쳐 올라 눈물을 흘리자 아들이 나를 안아줬다. 아들과 이렇게 대화할 수 있는 것이 너무 행복했다.

아이가 방황하며 힘들어하던 때가 있었다. 유독 감성적인 아들은 한번 생각을 하면 끝이 없다. 생각이 많아지고 깊어지면 우울증 증상도 보였다. 어느 날 자다 화장실을 가려고 거실로 나오다 소스라치게 놀란 적이 있다. 자고 있는 줄 알았던 아들이 거실 소파에서 검은 그림자 형체로 우두커니 앉아 있었다. 새벽 4시였다.

"민수야, 왜 그래? 무슨 일 있니?"
"…."

아이를 안았다. 아이의 어깨가 들썩였다. 미래가 불확실하여 답답하다고 했다. 무엇 때문에 공부를 하는지 모르겠다고 했다. 자신이 전공하려고 하는 게 맞는 길인지 모르겠다고 했다. 의욕이 없고 행복하지 않다고 했다. 열일곱 살 사춘기 아이에게 지극히 정상적인 과정이다. 하지만 내 아들이 새벽에 잠 못 이루고 있는 모습에 가슴이 아팠다.

나는 아이의 관심사를 다른 곳으로 돌리려 했다. 운동을 권하기도 하고 엄마랑 데이트를 하자고 했다. 필요하면 상담을 받아도 좋다고 했다. 그러나 상담은 차선책이었다. 혹시라도 본인이 진짜 우울증 환자라고 여길까 걱정됐기 때문이다. 그로부터 한 달이 지났다. 심각하게 생각하면 아들이 더 심각하게 생각할까 봐 애써 무시했던 나였다. 그러나 아이의 생각은 달랐다. 본인은 너무 힘든데 엄마는 신경도 안 쓴다고 불만을 토로했다. 아이의 마음을 몰라준 것 같아 미안한 마음이 들었다. 아들과의 상의 끝에 대구 달서구 청소년상담센터를 이용하기로 했다.

첫 상담을 마치고 나오는 아이는 한결 밝아져 있었다. 상담의 첫 번째 원칙은 비밀보장이었다. 학생 본인의 허락 없이는 상담내용을 엄마에게 조차 고지를 하지 않았다. 이는 곧 아이를 존중한다는 의미이다. 나는 너무 궁금했지만 "아들 기분 좋아 보인다! 너 선생님이 예뻐서 그러냐?"며 농담으로 좋은 기분을 공유하는 걸로 마무리했다.

아들은 '털어놓으니 후련하다.'고 말했다. 엄마인 내가 아들과 대화를 나눈다 해도 말하지 못하는 부분이 있을 것이다. 또 생각이 많은 아들은 언제나 바쁜 나를 배려했을 것이다. 실제로 아들이 말했다. 간간히 엄마인 내게 신호를 보냈다고.

상담선생님이 어떠한 솔루션을 제시한다거나 특별할 치료를 한 것은

없다. 아들의 이야기를 들어주고 공감해준 것이 전부다. 그것으로 아들
은 새롭게 꿈을 꿀 수 있었다. 아들이 허락한 범위 내에서 선생님께서 말
씀하시는 아들의 고민은 역시 진로와 불분명한 미래였다. 눈에 보이지
않는 미래가 두려운 것이었다.

"여보세요? 이경순 선생님이세요? 저, 민수엄마예요."
"네, 어머니 안녕하세요? 민수 잘 있죠?"

상담기간이 끝나고 선생님께 감사인사도 못한 나였다. 죄송한 마음에
전화를 했다. 안부 인사를 나누고 상담이 끝난 후 한 달의 근황을 말씀드
렸다. 여자 친구와 헤어졌다는 얘기도 했다. 선생님도 많이 칭찬했던 친
구였다.

"되도록이면 민수와 대화를 많이 하려고 해요. 선생님도 눈치 채셨겠
지만 제가 좀 강한 편이잖아요. 그동안 못했던 것도 미안하고 아이를 키
우면서 오히려 제가 더 배웁니다. 제가 자라면서 저희 엄마에게 못 배웠
던 것을 아이를 통해서 배우게 되네요."
"어머니, 정말 엄마가 돼 가시네요!"

상담선생님의 '정말 엄마'가 돼 간다는 것은 무엇을 말하는가? 아이의
말에 귀를 기울인다는 뜻이 아닌가! 아이의 눈을 쳐다보고 아이의 말에

귀를 열고 아이의 감정에 가슴을 맞닿으니 비로소 '엄마'가 되는 것이다.

경청에서 청을 한자로 표기하면 청(聽)이다. 청(聽)을 자세히 살펴보면 경청에서 제일 중요한 귀 이(耳)와 눈 목(目)이 보인다. 눈 목(目)위에는 열 십(十)이 있다. 이야기를 들을 때 열 개의 눈으로 상대방을 쳐다보라는 의미다. 한 일(一)자 밑에는 마음 심(心)이 있다. 이것은 이야기를 나누는 두 사람이 한 마음이 되라는 의미다. 또, 귀 이(耳)밑을 보면 왕 왕(王)자가 있다. 이것은 열심히 들어주면 말하는 사람이 왕이 된다는 의미다.

이와 같이 아이의 이야기를 경청하고 공감하면 아이는 왕이 된다. '들을 청'자가 담고 있는 의미를 제대로 알고 실천한다면 아이와의 공감이 저절로 이루어진다. 오늘부터라도 잘 보이는 곳에 '청(聽)'을 크게 써서 붙여놓으면 어떨까?

좋은 엄마는 들어주는 엄마다

성공적인 육아란 무엇을 말하는가? 내 아이를 잘 키우는 것이라 하겠다. 아이를 잘 키운다는 것은 명문대를 보내고 번듯한 직장을 다니고 화목한 가정을 꾸리게 해주는 것을 의미하는 것이 아니다.

'좋은 엄마'로 '아이를 잘 키운다.'는 것은 아이 스스로를 믿고 자신을 사랑하는 사람으로 키우는 것이다. 이것에 엄마는 아이의 말에 귀를 기울이고, 아이의 생각을 존중하고, 아이와 공감하며, 아이를 안고 사랑한다고 고맙다고 말할 수 있어야 한다.

아이의 말에 귀 기울이고 공감하는 경청의 기술

① 몸을 반쯤 기울이기 : '탑대화법'이라 하여 피사의 사탑처럼 상대를 향해 몸을 기울이라는 것이다. 상대는 내말을 들을 준비가 되어 있다고 느낀다.

② 감탄사 사용하기 : '아!', '그렇구나!' 등의 감탄사를 사용하면 자기 말에 집중한다고 생각한다.

③ 따라 하기 : 상대의 뒷말을 따라함으로 공감이 더 커진다.

| 03

부모의 관점으로
아이를 보지 마라

브라운 계열의 원복이 썩 잘 어울리는 녀석이다. 넥타이까지 매어주니 꼬마신랑이 따로 없다. 뉘 집 자식이 이리도 잘났을까? 어른들 표현으로 깎은 밤톨 같다. 다른 아이처럼 유치원가기 싫다고 엄마랑 있을 거라고 칭얼대지 않고 엄마를 향해 밝게 한번 씨익~ 웃어주고 유치원 차에 오른다. 예쁘다. 친란한 햇살이 내 눈을 반짝이게 하는 아침이었다.

햇볕이 잘 안 드는 빌라 1층에 살다가 19층의 아파트로 이사 오니 아침마다 눈이 부셨다. 이래서 사람들은 밝은 곳에 살아야 한다는 생각이 들었다. 작은아이와 오전시간을 보냈다. 작은 아이에게 충실할 수 있는 유일한 시간이었다. 오후가 되어 큰아이를 데리러 아파트 후문으로 나갔다. 이미 많은 엄마들이 나와 있었다. 노란 병아리 같은 아이들이 하차했다. "엄마 형아는 왜 안 와?" 그렇다. 뉘 집 자식인지 밤톨 깎아놓은 듯한 우리 아들이 안 보였다.

"선생님 우리 희성이는요?"
"어머니 아까 내려 줬는데요?"
"네? 어디요? 여기서 내리는데?"
"어머니 정문 아니예요? 정문에 내려줬는데요?"
"선생님, 우리는 여기…. 아침에도 여기서 등원했는데…."

순간 앞이 캄캄했다. 더 이상 묻고 따지고 할 일이 아니다. 다른 학부모에게 작은아이를 부탁하고 정문으로 뛰어갔다. 우리는 이사 온지 한 달도 안 된 터였다. 나도 잘 모르는 길을 아이가 알 리 만무했다. 마음이 급했다. 아이가 울고 있을 것 같았다. 정문에 아이가 안 보였다. 주변에 물어봤다. 슈퍼 아줌마도 못 봤다고 했다. 다시 집 앞으로 왔다. 역시 없다. 다시 정문 쪽으로 갔다. 없다. 혹시나 하는 마음에 정문 초소의 경비 아저씨께 여쭤봤다.

"아까 어떤 꼬마가 혼자 있길래 이상해서 집을 물어보니 동호수를 모르더라구요. 뭐라고 설명을 하긴 하던데…. 정확히는 모르겠지만 905동, 904동 쪽인 것 같아 저쪽으로 가라고 했습니다만."

"그냥 아이 좀 잡아두고 방송이라도 해주시지…."

앞이 캄캄했다. 길을 잃는 것보다 아이가 울고 있을 것 같아 마음이 급했다. 혹시나 주변을 살피며 집 쪽으로 발걸음을 재촉했다. 이미 하원시간이 지난 아파트 단지는 조용했다. 그때였다. 저기 멀리서 우리 밤톨이 보였다. 나는 숨을 고를 틈도 없이 달려갔다.

"엄마, 유치원 다녀왔습니다."

아들은 울지 않았다. 엄마인 나를 향해 씩씩하게 인사를 했다. 아들의 눈높이를 맞춰 쪼그려 앉았다. 아들의 두 손을 잡았다. 내 손아귀에 말캉한 아이의 손이 쏙 들어왔다. 비로소 안도의 한숨이 새어나왔다. 자초지종을 물었다. 정문 앞에서 선생님이 내리라고 해서 내렸다고 한다. 내리고 보니 엄마랑 와 봤던 슈퍼가 보이는데 우리 집은 아니었다고. 조금 무서웠지만 경비아저씨한테 물어봤다 했다. 동호수를 외우지 못하는 아들은 우리 동이 있는 모습을 그림 그리듯 설명했다고 했다. 어디에 나무가 있고 차들이 어떤 모양으로 주차되어 있고 화단에 빨간 꽃이 있는 모습을! 엄마 손잡고 두어 번 다니던 길을 더듬어 아저씨 설명대로 거슬러 올라왔다고 했다. 한순간 멘탈이 나갔던 나였다. 일곱 살 난 아들은 아니었다. 나무를 생각하고 꽃을 기억하며 집을 찾아왔다. 헨젤과 그레텔처럼 빵조각으로 표식을 해놓은 것도 아니다. 그 조그마한 머리로 집을 찾아

왔다. 아이를 번쩍 안아 올렸다. 하늘보다 더 높이 올리지 못하는 것이 아쉬웠다.

만약 내가 유치원에 전화해서 '어떻게 그런 실수를 할 수 있냐?'며 선생님께 화를 냈다면 어떻게 되었을까? 아이가 고생하지 않고 우리 집에 앉아 있을 수 있을까? 시간을 되돌릴 수는 없다. 오히려 화내는 내 모습을 보며 아이는 선생님에게 미안한 마음을 갖게 될 것이다. 아이에게 중요한 것은 스스로 집을 찾아 왔다는 것이다. 엄마에게 자랑을 하고 싶은 것이다. 나는 과장된 리액션으로 아들을 칭찬했다. 아들이 보는 앞에서 동네 엄마들에게 자랑도 했다. 동네 엄마들도 맞장구를 치며 아들에게 칭찬을 아끼지 않았다.

그 이듬해 비슷한 일이 있었다. 아이는 방과 후에 바둑학원을 다니고 있었다. 우리가 어릴 때는 바둑학원이 많았다. 한때 이창호 바둑사단으로 인해 바둑이 유행한 적도 있었다. 하지만 당시는 바둑학원을 찾아보기 힘들었다. 부모들이 바둑보다 영어·수학학원을 많이 보냈기에 바둑이 사양돼 가고 있었다. 어쩔 수 없이 우리 동네와 조금 떨어진 이웃동네의 바둑학원을 보냈다. 여덟 살 어린아이는 안 받아 준다는 것을 거듭 부탁했다. 문화센터에서 배우던 바둑을 더 배우고 싶어 했기 때문이다. 하원시간이 되어 집에서 기다리고 있었다. 동생인 작은 아이가 아파서 나갈 수 없었다. 30분이 지나도 아이가 오지 않았다. 당시에는 아들이 핸드폰을 갖고 있지 않은 터라 연락할 길이 없었다. 학원에 전화했더니 역시나 아이를 집 앞에 내려 줬다고 했다. 묻고 따지고는 나중 문제였다. 온 동네를 발칵 뒤집었다. 아이가 보이지 않았다. 학원에 전화하여 어디 내려 줬는지 물었다. 엉뚱한 곳이었다. 차로 가도 20분은 걸리는 다른 동네였다. 아이는 1시간 30분이 지나서야 돌아왔다. 이번에도 아들은 울지 않았다. 아주 늠름한 모습으로 집으로 오기까지의 모험담을 들려줬다.

"엄마, 우리 집이 아닌 것 같은데 선생님이 내리라고 해서 내렸어. 근데 큰엄마 사는데 같았어."

"뭐라고? 선생님한테 아니라고 하지 그랬어?"

"아니 선생님이 맞다고 내리라고 해서…."

"그래서? 여기까지 어떻게 왔어? 큰엄마 집에서 우리 집까지 거리가 어딘데?"

"엄마아빠랑 차타고 큰엄마 집에 놀러 갔었잖아. 이쪽이 맞나 싶은데, 조금 더 가니까 우리 밥 먹었던 식당 거기 있잖아, 그게 보여서 맞는 것 같아서 계속 걸었어."

"다리 안 아팠어? 거기서 걸어 왔다고? 안 무서웠어? 못 찾아왔으면 어쩌려고?"

"계속 오니까 자동차 연습하는 데도 보이고 맞는 것 같던데?"

'엄마 찾아 삼만 리'가 아니다. 하지만 나는 드라마를 보는 듯한 착각이

들었다. 실제로 그 먼 길을 걸어왔다니 믿기지 않았다. 그것도 몇 번 안 되는 기억을 더듬으면서 말이다.

어른들이 미처 보지 못한 것을 아이는 다 보고 있었다. 아이들은 아스팔트 틈새에 핀 들꽃도 보고 들꽃 사이를 줄지어 가는 개미떼도 본다. 나는 바둑학원에 전화를 했다. 이번 역시 화를 내기 위함이 아니다. 우리 아이가 잘 돌아왔다고 말했다. 아이들은 차창 밖의 나무가 우리 집까지 몇 그루인지 안다. 오늘은 집 앞 화단에 벌이 찾아 왔는지 나비가 찾아 왔는지 다 안다. 그것을 볼 줄 아는 아들이 감사했다. 바쁘다는 핑계로 놓치는 것이 많은, 아니 놓치고 있는 것조차 모르는 어른보다 훨씬 나았다.

아들은 위기라는 상황에서 성공이라는 경험을 했다. 어린 나이지만 스스로 생각하고 판단하여 집을 찾아왔다. 거기에서 얻는 만족감과 희열은 자신감으로 발전하였다. 실제로 우리의 뇌는 쾌감을 느낄 때 도파민이 분비된다고 한다. 도파민은 좋은 기억으로 저장되고 그것을 계속하도록 자극한다고 한다. 선순환구조가 반복되는 것이다. 가끔 위험에 처하면 어찌 하냐며 아이를 야단치는 경우가 있다. 절대 금물이다. 아이가 스스로 판단하여 불가능하다고 생각하면 또 거기에 따른 행동을 하게 된다. 감히 말하건대 부모의 관점으로 아이를 판단하는 행동은 하지 말기 바란다.

| 04

아이와 잘 지내는 엄마는
이것이 다르다

우리는 신혼을 빌라에서 시작했다. 남편의 직장과 가까운 대구 근교였다. 4층 빌라에는 모두 8가구가 살고 있었다. 8가구 중 4가구의 부부가 비슷한 또래였다. 결혼 시기도 비슷해 아이들 역시 나이가 같았다. 심지어 옆집 엄마는 나와 이름도 같았다. 우리는 급속도로 친해졌다. 맛있는 음식을 하면 같이 나눠 먹고 집안의 대소사까지 공유했다. 하지만 아이들에 관한 교육관은 조금 달랐다. 나는 완벽주의인 반면 옆집은 자유롭게 아이들을 키우고 있었다.

몇년의 시간이 흘러 우리는 대구로 이사를 했다. 아이들의 교육이 이유였다. 이사 후에도 우리는 일 년에 한 번 정도의 모임을 가졌다. 각각의 생활터전이 대구, 논공, 거제였기에 지역을 한 번씩 돌아가며 만났다. 한번은 대구에서 모임을 하고 우리 집에서 자게 됐다. 어른들은 술자리가 이어졌지만 중·고등학생인 아이들에겐 놀거리가 딱히 없었다.

"이 집은 컴퓨터도 없나?"

"어, 우리 집은 TV가 컴퓨터 모니터인데? 컴퓨터 할 때는 거실에서 하고."

"그럼 애들 게임도 안 하나?"

"어, 우리 집은 게임 안 해. 가끔 애들이 PC방은 가지."

"뭐 이런 집이 다 있노? 민수야 니 차~암 힘들게 산데이!"

그렇다. 우리 집은 따로 컴퓨터가 없었다. 아니 있기는 했지만 컴퓨터의 본체를 TV와 연결 후 거실에서 했다. 컴퓨터를 하는데 지장이 없었다. USB를 꽂아 TV화면으로 가족들이 같이 영화 보는 것도 좋을 것 같았다. 우린 통신사에서 운영하는 미디어팩도 이용하지 않았기 때문이다. 사실 가족들이 모이기도 힘든데 함께 영화를 보는 일은 거의 없었다. 이렇다보니 우리 아이들은 집에서 게임을 할 수 없었다. 엄마인 내게 거짓말을 하고 PC방에 가는 일이 잦았다. 게임은 중독으로 이어진다고 내가 반대했기 때문이다. PC방으로 아들을 찾아다니는 일이 비일비재했다. 아이들과 감정의 골이 깊어질 수밖에 없었다. 그러던 차에 우리 집에 놀러온 빌라 부부 중 한 아빠가 이런 말을 했던 것이다. 순간 '아! 이게 아니구나!'라는 생각이 들었다. 아들에게 미안한 마음이 들었다. 아니나 다를까 다음날 그 부부의 집을 찾게 되었을 때 나의 미안함에 쐐기를 박는 일이 있었다.

그 집에는 아빠의 서재 외에 '게임전용' 컴퓨터가 떡하니 자리 잡고 있었다. 그것도 아이들 책상 위에! 아이들은 돌아가면서 전용 헤드셋까지 장착하고 큰 모니터로 게임을 했다. 내가 겸연쩍은 듯 아들에게 물었다. "민수야 재밌어?", "어, 엄마! 완전 PC방이야!", "그랬어? 엄마가 좀 미안하네."

그 뒤로 아들은 공식적으로 아주 당당하게 PC방을 드나들었다. 더 이상의 거짓말은 없었다. 내가 찾아다니는 일도 없었다. PC방에 대한 스트레스가 말끔히 사라지게 된 것이다. 게임으로 인해 생활에 방해되는 일 또한 없었다. 게임중독에 대한 내 우려는 하등에 필요 없는 에너지 낭비였던 것이다. 예전 같으면 고집을 부렸을 나였다. 하지만 이제는 아니었다. 아이들이 성장함에 따라 부모인 내 고집은 악영향만 끼친다는 것을 깨달았다. 아이와의 소통이 중요했다. 부모도 잘못이 있으면 인정하고 수정해야 함을 알게 됐다.

'나른한 일요일 오후, 소파에 누워 TV를 보는 것이 꿈'이라는 남편 때문에 소파도 사지 않던 나였다. 물론 지금은 소파가 거실 한쪽을 차지하고 있지만 내가 거기 누워서 TV를 보는 일은 극히 드물었다. 통신사 미디어팩도 이용하지 않고 별도의 컴퓨터도 설치하지 않았던 나였으니 말이다. 그런 내가 어느 날 거실을 지나는데 TV앞에서 눈이 멈췄다. 축구선수 송종국 씨 아내인 박잎선 씨와 그녀의 아이들이 화면에 나왔다.

그녀는 아침준비로 분주했다. '저 엄마는 아침인데도 예쁘네. 방송이어서 그럴 거야.' 내 맘대로 단정 지으며 TV를 보고 있었다. 아침 준비를 하던 그녀가 딸 지아를 깨우러 갔다. 목소리마저 예쁘다. 지아 역시 우리 아들처럼 바로 일어나지 않았다. 딸 지아에게 폭풍 뽀뽀를 했다. 간지럼을 태웠다. 까르르 웃던 지아가 이내 눈을 비비며 일어났다. 이번에는 아들 지욱이 방으로 갔다. 역시 아들은 무뚝뚝하다. 동질감이 느껴져 나도 모르게 '역시'라는 생각을 하며 흡족해 했다. 엄마는 지욱이의 엉덩이를 톡톡 쳤다. 코맹맹이 소리를 했다. "일어나세용~" 하고 주방으로 갔다. 아침식사 준비를 서둘렀다.

지아가 나와서 아직 일어나지 않은 동생 지욱이를 깨웠다. 동생이 일어나지 않자 이불을 걷어내고 침대 정리를 했다. 이내 동생이 일어나고 침대 정리를 같이 했다. 그리고 주방으로 나와서 수저를 놓으며 식사 준비를 거들었다. 세 가족은 아침밥을 같이 먹으며 하루의 대화를 시작했다. '저게 가능해?', '어떻게 저렇게 할 수 있지?' 나는 놀라움과 동시에 부럽기까지 했다. 평일이 아닌 일요일이었던 것 같다. 오후가 되니 세 가족은 같이 수제비를 빚었다. 아이들의 의견대로 초록색 주황색의 밀가루 반죽을 했다. 식탁이 어지럽혀 지는 것은 상관없었다. 알록달록한 색깔도 예쁜 수제비를 먹으며 대화를 이어갔다. 대화의 주제는 엄마인 그녀의 남자친구였다.

"엄마, 남자친구 만나는 거 어떻게 생각해? 니들이 싫으면 굳이 엄마는 남자친구 없어도 돼."

"나는 괜찮다고 생각해. 그런데…, 한 번씩은 엄마가 우리 자리에서 잠깐씩 없는 게 좀 이상하기는 해. 그래도 엄마도 엄마의 인생이 있는 거니까…. 언제까지 우리만 보며 살 수는 없는 거고, 음… 그거는 좀 슬플 것 같아."

"그렇구나! 우리 지아가 그렇게 생각했구나! 엄마가 그거는 몰랐네. 엄마가 그 부분은 잘 생각해볼게."

사춘기의 나이에 엄마와 이런 대화를 한다는 것이 신기했다. 엄마의 위치라던가 위엄 같은 것은 눈 씻고 찾아볼 수 없었다. 그녀는 아이들의 친구였고 아이들은 상담자였다. 방송이 끝나고 나는 곰곰이 생각했다. 그 생각은 꼬리에 꼬리를 물고 며칠 동안 이어졌다. 몇 가지 의문점이 생겼다. '내가 그녀와 다른 것이 무엇인가?', '우리 집 풍경과 그녀의 집이 다른 이유는 무엇인가?'

내가 찾은 답은 '질문'이었다. 그녀는 그녀의 생각만을 얘기하는 것이 아니었다. 아이들에게 먼저 질문하고 답을 기다렸다. 평소 나는 아이들에게 질문할 일이 있어도 내가 먼저 답을 냈다. 그 답을 아이들 머리에 쑤셔 넣기에 급급했다. 아직 다가오지 않을 일까지 추측해서 말해버리기 일쑤였다.

하루아침에 그녀를 따라한다고 '아름다운 대화'로 꽃을 피울 수 있는 것은 아니다. "우리 엄마 왜 이래?" 아이들이 놀랄 수도 있다. 나는 인터넷 지식인에게 물어봤다. 관련서적이 있을까 해서 온라인 서점을 기웃거렸다. 여기저기서 '하브루타'라는 단어가 쏟아졌다.

'하브루타'는 짝을 지어 질문하고 대화하고 토론하고 논쟁하는 것을 말한다. 무엇이든 당연하다고 생각지 않고 질문을 던진다. 질문의 답을 내는 것이 아니라 질문에 대한 질문으로 답한다. 부모들은 아이들에게 질문을 함으로써 아이들 스스로 생각하고 문제를 해결할 수 있는 힘을 기르게 돕는다.

그렇다면 하브루타의 힘은 무엇일까? 첫째, 스스로의 질문을 위해 생각함으로 사고력을 키운다. 스스로 생각을 해야 질문을 할 수 있기 때문이다. 다른 사람의 질문을 받을 때도 마찬가지다. 상대의 질문에 나의 생각을 질문함으로써 수용적 사고가 아닌 '비판적 사고'를 키울 수 있다. 둘째, 문제해결능력을 키울 수 있다. 질문하고 답을 찾는 과정에서 스스로 깨달음을 얻기 때문이다. 셋째, 경청과 의사소통 능력이 향상된다. 짝을 이루어 질문하고 대화하는 과정을 통해 상대의 말을 경청하게 된다. 또한 질문에 대한 나의 생각을 말하는 토론이 이루어지기 때문이다. 넷째, 견해와 관점을 넓힐 수 있다. 하나의 주제에 대해서 상대와 토론함으로 서로 다른 질문과 답을 나눈다. 각자 관점이 다르니 생각도 다름을 인정하고 존중하게 된다. 다섯째, 바른 가치관과 인성을 기를 수 있다. 우리는 평소 도둑질에 대해서 말할 때 '남의 물건을 훔치면 안 된다.'라고 가르친다. 지시적이다. 이것을 바꿔 '왜 남의 물건을 훔치면 안 될까?'라고 질문하고 토론해보자. 누가 시켜서 하는 것이 아닌 스스로 옳고 그름을 아는 아이로 성장하게 되는 것이다. 바른 인성으로 자라게 된다.

하브루타는 아이와 대화뿐아니라 나에게도 적용할수 있는 질문이자 해답이 되었다. 특히 아들이 사춘기가 되면서는 더욱 그랬다. 화를 내고 답을 지시적으로 내리기보다 먼저 나 스스로에게 질문했다. '내가 화나는 진짜 이유가 무엇인가?', '내가 정말 원하는 것이 무엇인가?', '이 일에 대해 아들의 생각은 어떤 것일까?'

이와 같은 노력으로 이전과는 다르게 아들과 '대화'라는 것이 가능해졌다. 아들을 하나의 인격체로 존중하게 됐다. 아들의 마음을 들여다 볼 수 있는 여유도 생겼다. 때로는 나의 고민을 아들에게 물어보기도 했다. 아들 역시 나에게 여자 친구나 장래에 대한 상담을 요청하고 의견을 나눈다. 나는 돈 한 푼 들이지 않고 하브루타를 실천하는 것만으로 아이와의 관계가 좋아졌다. 여러분들도 하브루타를 실천해보기 바란다.

기다리는 부모가
아이를 성장하게 한다

2017년은 너무 힘든 한 해로 기억된다. 나는 내가 아프다고 생각했다. 매일 아침 눈 뜨는 것이 두려웠다. 매일 밤 잠드는 마음이 칠흑보다 더 어두웠다. 제발 내일 아침이 밝은 아침이었으면 기도하며 잠들었다.

"여보세요, 민수 어머니. 민수가 아직 학교에 안 왔어요."
"어머니, 민수 학교 갔나요? 언제 나갔나요?"
"어머니, 민수가 점심시간에 무단이탈해서 5교시 수업에 늦었어요."
"어머니, 민수가…."

아이를 등교시키고 이어지는 출근길에 어김없이 선생님의 전화나 문자가 왔다. 분명 학교 가는 것을 보고 나왔는데, 아직 안 왔다는 내용이다. 퇴근 후 저녁에 아이에게 물어보면 선생님이 못 봤다거나 화장실에 다녀왔다고 눈에 보이는 거짓말을 했다. 달래기도 하고 야단도 쳤다. 분명 이유가 있을 것인데 그때는 아이가 눈에 안 들어오지 않았다.

왜 기본적인 학교생활을 못하는지 이해가 안됐다. 당연히 아이와 싸우는 날이 많았다. 아이와의 대화는 꿈도 못 꾸는 악순환의 연속이었다. 아들은 어른들이 말하는 나쁜 친구들과도 어울렸다. 귀가 시간이 늦어지고 학원에 늦거나 빠지기 일쑤였다. 아들의 눈빛은 안정적이지 못하고 무언가에 쫓기듯 눈치 보며 불안해했다. 항상 고개를 약간 숙이고 흰자위를 보이고 있었다.

어떻게 해야 할지 머리가 너무 복잡했다. 아빠인 남편과의 상의는 불가했다. 남자들의 욱하는 성격에 아이를 무조건 다그칠 것이 뻔했다. 분명한 것은 엄마인 내가 아이를 놓아서는 안 된다는 것이다. 세상 모든 사람이 아들 편에 서지 않더라도 엄마인 나는 아들 편이어야 한다. 며칠을 고민하다가 그 친구들과 어울리지 않았으면 좋겠다고 말했다. 아들은 눈을 부라리며 버럭 화를 냈다. 아들에게 나쁜 친구는 없었다. 그냥 친구인 것이다. 더 이상 대화를 이어갈 수 없었다. 2학기에 접어들면서 아이는 더욱 심해졌다. 공공연하게 거짓말을 했다. 엄마인 내게 소리치고 대들기까지 했다. 형과의 싸움도 잦았다. 형제가 싸우면 과격해진다더니 정말 내가 끼어들 틈이 없었다. 감정이 격해지면 손에 잡히는 대로 형에게 마구 휘둘렀다. 한번은 남편이 사용하고 미처 치우지 않은 공구박스에서 몽키스패너를 꺼내 들고 내게 휘두른 적도 있었다. 이런 날이면 몇 시간 뒤 아이는 꼭 내게 문자를 보내온다. '엄마, 아까는 미안했어. 나도 내가 왜 그런지 모르겠어. 기분이 좋았다가 나빴다가…. 나도 안 그러려고 하는데 나도 모르게 자꾸 그렇게 돼. 엄마가 이해 좀 해주면 좋겠어.'

내 아들이 아닌 것 같았다. 아들은 너무나 착하고 온순한 아이였다. '중2병'이라고 하더니 아주 몹쓸 병에 걸린 듯 했다. 그렇다. 아들은 병을 앓고 있었다. 자기도 모르는 병에 걸렸는데 누구하나 처방하는 사람이 없었다.

퇴근을 한 시간 앞두고 있었다. 아들의 문자가 왔다. "엄마 퇴근하고 나랑 얘기 좀 할 수 있어? 엄마랑 상의할 것이 있는데…." 나는 가슴이 철렁 내려앉았다. 겁부터 났다. 집으로 오니 아들이 거실에서 나를 기다리고 있었다. 나쁜 형이 있다고 했다. 같은 학교 졸업생으로 1년 선배라고 했다. 잘 알고 지낸 선배도 아닌데 자꾸 돈을 요구한다는 것이다. 나는 그때서야 헝클어진 퍼즐 조각이 맞춰지는 기분이었다. 아들은 금방산 물건을 중고장터에 내다 판다거나 친구들과의 거래를 하고 있었던 터였다. 나의 만류에도 아들은 짜증만 내고 다른 설명은 없었다. 그 선배는 폭력성 문자를 보내거나 전화를 수시로 했다. 그 선배라는 아이는 고등학교를 입학한지 며칠 되지 않아 퇴학을 당한 상태라고 했다. 그 애는 아들의 학교로도 찾아오고 등교 시 교문 뒤에 서서 아들을 기다리기도 했다고 했다. 학교에 선생님들이 있어도 두려울 것이 없는 아이였다. 고민 끝에 어른에게 도움을 요청하는 것이었다.

혼자 고민하고 괴로워했을 아들을 생각하니 가슴이 아프고 미안한 마음이 들었다. "엄마에게 상의를 해줘서 고마워. 혼자 많이 힘들었을 텐데. 엄마는 그것도 모르고…" 민수에게 말을 건네는데 큰아이가 들어왔다.

"엄마, 무슨 일인데?"
"너 혹시 문성식이라는 아이 아니?"
"어, 아는 사이라기보다 인스타그램에 뜨니까…. 근데 좀 전에 만났는데?"
"왜? 무슨 일로?"
"민수가 돈 빌린 거 있는데, 돈을 안 준다고 형인 나한테 달라고 해서…"

어이가 없었다. 아들이 돈을 빌린 건 사실이다. 하지만 그 애한테 빌린 것이 아니고 아들의 친구에게 빌린 것이다. 그 성식이라는 아이는 아들의 친구에게 받을 돈이 있는데 우리 아들이 돈을 안 주니 못 받는다는 것이다. 그러니 우리 아들에게 돈을 달라고 했다. 아들이 자꾸 피하니 형에게까지 연락을 한 것이다.

어떻게 그런 생각을 하는지 이해가 되지 않았다. 큰 아들은 동생 일이니 형인 자신이 해결해주려고 했다고 했다. 편의점에서 도시락 하나를 사는 경우에도 통신사할인카드를 잊어서 50원이 할인 안 됐다며 다시 결제하는 아이다. 그런 아들이 거금 삼만 원을 동생 대신 갚아주고 들어오는 길이었다. 민수는 형에게 감동하는 눈치였다. 나 역시 "어느새 우리 아들이 이만큼 컸네!"라고 칭찬을 해줬다.

다음날 다른 피해자 아이들도 학교에 이 사실을 알렸다. 바로 교육청에 학교폭력으로 회부가 되고 피해 학생 학부모들의 회의가 열렸다. 회의 주제는 그 아이에 대한 신고여부였다. 총 8명의 학부모가 모였다. 의견이 분분했다. 첫째, 똑같이 아이를 키우는 부모입장에서 그냥 덮어두자. 둘째, 그냥 놔두면 더 큰 범죄자가 될지도 모르니 신고하자. 셋째, 다수의 의견에 따르겠다. 나는 속으로 생각했다. 부모의 유형을 보니 그 아이들이 보이는 것 같았다.

나는 두 번째 의견에 손을 들었다. 이미 알아본 바로는 피해 학생이 우리 학교에만 수십 명에 이르렀다. 인근 다른 학교에까지 손을 뻗치고 있었다. 뿐만 아니라 금품갈취, 오토바이 보험사기, 주민등록증위조 등 열

일곱 살 나이라고는 상상할 수 없는 죄를 짓고 있었다. 오히려 부모의 마음으로 이쯤에서 제어를 해줘야한다는 생각이 들었다.

며칠 뒤 경찰서에서 피해자조사를 나오라고 했다. 피해자조사는 저녁 6시부터 12시까지 이뤄졌다. 같은 질문을 다섯 번도 더 했다. 피해자 조사 과정에서 신빙성을 높이기 위해 어쩔 수 없다고 담당 경찰관이 말했다. 질문이 네 번째로 이어질 무렵이다. 아들의 엄지손톱에서 피가 배어 나왔다. 스트레스가 극에 달한 아들이 검지손톱으로 엄지손톱의 살이 닿는 부분을 후벼 파고 있었던 것이다. 아들은 아픈 줄도 몰랐다. 피가 배어나와 흐르는 것 이상으로 내 눈에서 눈물이 흘렀다.

후문에 의하면 그 선배라는 아이는 청소년보호소로 갔다고 했다. 나이가 어려서 소년원에 가지 않아도 된다고 했다. 청소년보호소에서는 인성교육과 함께 직업능력개발훈련 등을 하여 자기계발의 기회를 준다고 한다. 내 아이인 양, 참 다행이라는 생각이 들었다. 아들과 함께 상의 끝에 우리는 그 아이에 대해서 합의서를 써줬던 터였다. 나는 합의를 반대하는 부모들을 설득했고 가해자 부모와 연결시켜 줬다. 그 아이를 벌하려던 것은 아니었기 때문이다.

이 일이 있은 후 나는 아들에게 선물을 하나 했다. '팔찌'였다. 고민 끝에 'I believe in you!'라고 각인도 했다. 나는 믿었다. 아이가 성장해가는 하나의 과정이라 생각하고 기다렸다. 과정에서 조금 흔들리는 것뿐이라고. 중학교 2학년 담임 선생님께도 누누이 부탁드렸었다. '죄송하지만 제발 우리 아들에 대한 끈을 놓지 말아주세요. 조금만 기다리면 분명 제자리로 돌아옵니다.' 중학교 3학년이 되어 등교하던 첫날 아들로부터 한 통의 문자가 왔다. '엄마, 상의할 것이 있으니 퇴근하고 바로 와줘.' 또다시 가슴이 뻐근해졌다. '아니야. 별일 없을 거야!' 태연한척 퇴근 후 곧장 집으로 향했다.

아들이 겸연쩍은 듯 입을 열었다.

"엄마, 그 친구들하고 거리를 좀 두려고 하는데, 어떻게 기분 상하지 않게 말할 수 있을까?"

중학교 졸업식이 끝나고 타 학교로 전근하신 아들의 2학년 담임 선생님께 문자로 인사를 전했다. 선생님께서 답문을 주셨다. '어머님 가장 좋은 소식 잊지 않고 전해주셔서 감사합니다. 무엇보다 어머님이 늘 민수를 믿어주셔서 그런 것이라 생각합니다. 앞으로도 민수 앞에 늘 좋은 일만 있기를 바랍니다. 저는 어머님을 통해 늘 우리 아들을 믿고 기다려줘야겠다는 것을 배웠습니다. 어머님 감사합니다. 늘 건강하세요.'

중국에 '모소대나무'라는 것이 있다. 이 나무는 씨앗을 뿌리고 4년이 되어서야 겨우 싹을 틔운다. 간신히 삐져나온 싹은 겨우 3cm정도이다. 그렇지만 5년째가 되면서 이 나무는 하루에 30cm가 자란다. 6주가 되면 15m로 자라서 울창한 숲을 이룬다. 우리 아이들도 마찬가지다. 믿고 기다려주면 된다. 비바람을 잘 이겨내고 무성하게 자라 울창한 숲을 이룰 것이다.

| 06

부모가 말하는 대로
아이의 미래가 결정된다

"아니, 이게 뭐꼬? 누가 여기 다 껌을 뱉어 놨노? 여기도 있고. 아니 저기도 있네! 사람들이 말이야…!"

"김양! 김양아~."

점심식사 후였다. 계장님이 신경질적으로 나를 찾고 있었다. 평소 계장님은 술을 즐기신다. 그날 역시 점심식사를 하고 반주를 한잔 드셨는지 얼굴이 발그레했다.

"네, 계장님."

"니 눈에는 이게 안 보이나? 이게 뭐꼬? 니, 오늘 학교 가기 전에 이 껌들 다 떼놓고 가야된다! 알았제?"

"네? 껌, 이요? 껌을 제가…."

옆에서 지켜보고 있던 황주사님이 나에게 눈을 찡긋했다. 더 이상 말대꾸 하지 말라는 신호다. 대꾸해봤자 나에게 돌아오는 것은 화밖에 없다는 것을 나도 잘 알고 있었다. 나는 당시 고등학교 2학년이었다. 가정형편상 고등학교를 상업계 야간을 다녔다. 아침부터 낮 시간동안 도청에서 사무보조 아르바이트를 했다. 주경야독이었다. 나는 황당하고 어이가 없었다. 아침에 출근해서 간단한 청소가 내 몫이긴 했다. 하지만 도청 구석구석의 청소를 담당하시는 아주머니들이 따로 계셨다. 무엇보다 열여덟 살의 꽃다운 여고생의 자존심이 구겨져 참을 수 없었다. 도저히 바로 껌을 뗄 용기가 나지 않았다. 탕비실로 갔다. 짧은 한숨이 새어 나왔다. 그때였다. 유일한 여직원인 박주사님이 따라 들어오셨다.

"김양아. 우짜겠노? 계장님 원래 좀 그렇다 아이가? 여자가 나대는 것도 싫어하고…. 고마 꾹 참고 있다가 나중에 니 졸업하고 정식되면 좋잖아. 그렇게 얌전히 있다가 시집가면 되고. 여자는 남자 잘 만나 시집가면 된다 아이가!"

나는 박주사님을 쳐다보지도 않고 나왔다. '여자가' 그 말이 더 싫었던 나였다. 나는 칼을 집어 들었다. 바닥에 껌을 뗐다. 바닥에 눌러 붙은 껌보다 더 큰 눈물이 뚝뚝 떨어졌다. 지나가던 다른 직원들이 놀라서 물었다. "김양아 니 뭐하노? 니가 왜 껌을 떼고 있노?" 나는 대꾸도 안했다. 껌을 떼면서 생각했다. '이 나라가 말하는 한낱 여자로 살기 싫다.'고.

아버지가 평소에 '여자가 말이야.', '여자가 돼 가지고.' 이런 말씀들을 잘 하셨다. 그럴 때마다 엄마는 '여자가 뭐?', '여자가 어때서?'라며 화를 내시곤 했다. 그리고는 '경희야 괜찮아. 여자라고 못 하는 것 없어. 너하고 싶은 대로 해.'라며 나를 독려하셨다. 엄마의 말씀이 없었더라면 아버지의 말씀대로 '여자'로 살았을지도 모른다. 얌전히 살다가 남자 잘 만나 결혼하는 여자로. 하지만 아니었다. 나는 엄마의 말씀대로 온순한 '여자'로 살지 않았다. 씩씩했다. 그곳이 어디든 항상 주도권을 쥐었다. 여자라는 이유로 남자에게 보호받는 일은 없었다. 남자들 뒤로 숨는 따위의 행동도 없었다.

키프로스의 조각가 피그말리온은 평소에 여성을 혐오했다. 그리하여 평생 독신으로 살기로 마음먹는다. 하지만 그가 만든 조각상이 너무 아름다웠던가? 그는 자신이 만든 상아 조각상(갈라테리아)에 반한 나머지 사랑하기에 이르렀다. 마치 살아 있는 여인을 대하듯 조각상에 옷을 입혔다. 보석 반지와 진주 목걸이도 걸어 주었다. 그렇게 상아 조각상에 온갖 정성을 쏟았다.

어느 날 피그말리온은 아프로디테 여신을 찾아 간절히 기도했다. "저 상아 조각상의 여인을 저의 아내로 맞게 해주세요." 그 후 집으로 돌아온 피그말리온은 상아 조각상이 조금 다르게 느껴졌다. 생기가 도는 것 같았다. 조각상에 가까이 다가갔다. 가만히 손을 만져 보았다. 따스한 체온이 느껴졌다. 조각상에 입술을 갖다 댔다. 그러자 그 상아조각상의 여인은 수줍은 듯 얼굴을 붉혔다. 그의 정성에 감복한 아프로디테 여신이 소원을 들어주었던 것이다.

이미 많이들 알고 있는 이야기일 것이다. 그렇다. '피그말리온 효과(Pygmalion effect)'에 대한 이야기다. 나는 이 말이 참 좋다. 내가 간절히 바라고 생각하면 그것이 무엇이든 이루어진다는 의미를 담고 있기 때문이다.

앞에서 한번 언급한 적이 있다. 우리 아들은 중학교 2학년 때 그야말로 질풍노도의 시기를 보냈다. 아이와 함께 나 또한 무척이나 힘든 시기였다. 참 많이 울었다. 누구 하나 상의할 사람도 없었다. 그러함에도 불구하고 내가 할 수 있었던 한 가지는 아이를 믿는 것이었다. 아이를 믿는 것은 그 당시 나에게는 하나의 구원의식과도 같은 것이었다.

나는 아들을 믿는 것에서 그치지 않았다. 나의 믿음을 아들에게 항상 말해주었다. "엄마는 너를 믿어! 엄마도 그랬고 네가 커가는 과정일 뿐이야. 원래 엄마 아들로 돌아온다. 분명 '김민수'의 자리로 다시 돌아온다!" 나의 진심이 통한 것일까? 믿음이 현실로 이루어졌다. 아이는 스스로 변했다. 친구관계도 정리했다. 어느 날 생각하니 그 친구들과 있으면 꼭 안 좋은 일이 일어난다는 것이다. 그 친구들이 나쁘다는 것은 아니다. 이대로 계속 간다면 어떤 일이 일어날지도 모르겠다는 이유였다. 내가 권유했을 때 화를 냈던 아들이다. 스스로 답을 찾고 결론을 내렸다.

아들의 변화는 학업에도 영향을 미쳤다. 하위권이었던 성적을 상위권으로 올려놓고 중학교를 졸업했다. 꿈도 찾았다. 여기에는 학교 선생님의 끝없는 믿음과 노력이 한 몫을 차지하고 있다.

중학교 1학년 때부터 미술과목을 지도하신 선생님이 계신다. 아들은 어려서부터 그림을 좋아했다. 미술선생님은 중학교 1학년 때 수행평가를 한 아이들의 그림 가운데 아들의 그림이 눈에 들어왔다고 하셨다. 그때부터였다. 아들에게 미술을 전공해보라고 권유하셨다. 하지만 아들은 친구들과 놀기에 바빴다. 그림이고 학업이 우선이 아니었다. 선생님의 말씀을 한귀로 듣고 한귀로 흘렸다. 성격이 시원시원한 미술선생님께서는 복도에서 아들을 마주칠 때 마다 "너, 미술학원가니?", "민수야 그림 시작했니?", "뭐? 아직도 니 재능을 썩히고 있다고?", "너는 잘생긴 미대오빠야!" 무심히 툭툭 던지는 말씀을 하셨다. 이러한 말씀들은 아들의 가슴 밑바닥에 차곡차곡 쌓이고 있었다.

아들의 변화가 시작되고 중학교 3학년 1학기 기말고사 전이다. 아들과 상의 끝에 학교를 찾았다. 담임 선생님과 진로상담을 하기 위해서다. 그 자리엔 미술선생님도 함께 자리 하셨다. 두 선생님은 아들의 변화에 누구보다 기뻐하셨다. 선생님의 말씀을 들은 나는 지난 한 해가 파노라마처럼 펼쳐져 또 다시 눈물이 났다. 아들은 바로 미술학원을 알아보자고 했다. 적극적으로 상담을 하고 스스로 생각하여 학원을 결정했다. 학원의 전문성, 선생님의 지도방향, 시간이 없는 고등학교 3학년이 때 왕복할 수 있는 거리까지 계산했다. 아들은 현재 고등학교 2학년을 앞두고 있다. 겨울방학인 지금이 실력향상을 위해 시간활용 할 수 있는 유일한 때라고 한다. 그리하여 작게는 3시간에서부터 길게는 6시간을 미술학원에서 그림을 그리고 있다. 힘들고 포기하고 싶은 순간도 있음을 안다. 하지만 나는 여전히 아들이 잘 이겨내리라 믿는다. 본인이 가장 잘하고 가장 좋아하는 것을 찾았기 때문이다.

1964년 하버드대학 심리학 교수 로젠탈 박사와 초등학교 교장 레노어 제이콥슨 박사는 초등학교 교사들을 상대로 '기대효과'를 실험했다. 교사들에게 잠재력이 뛰어난 학생들의 명단을 건네고 지도하게 했다. 8개월 후 이 학생들을 대상으로 지능검사와 행동평가를 했다. 학생들은 IQ는 물론이고 성적, 생활 전반에 크게 향상되었다. 사실 이 학생들은 잠재력이 뛰어난 학생이 아니라 무작위로 뽑은 학생들이었다. 이 실험을 증명한 후 이를 '피그말리온 효과'라고 명명했다. 앞서 말한 피그말리온의 이름을 붙인 것이다.

로젠탈 박사와 레노어 제이콥스 박사는 이 실험을 통해 이렇게 말하고 있다. '교사가 우수한 학생이라는 기대로 학생들을 지도한다면 그 학생들은 정말 우수하게 성장할 확률이 높다. 교사는 아이를 조각하는 피그말리온이다.'

이와 같이 부모 역시 아이를 조각하는 피그말리온이다. 아이를 믿고 끊임없이 긍정의 말을 계속 해줘야 한다. 이것은 내 아이의 미래에 생명을 불어 넣는 주문과도 같다. 당신이 평소에 뱉어내는 말에 우리 아이들의 미래가 바뀜을 기억해야 한다.

| 07

행복한 부모가
행복한 아이의 미래를 만든다

시대가 바뀌어 딩크족(Double Income, No Kids)이니 밀레니얼세대 (Millennial Generation)니 이런 말들을 심심찮게 접하게 된다. 특히 1980 년대생들에게는 IMF의 경제상황이 맞물려 '내 집 장만 후 아이를 낳겠다' 는 생각으로 이어져 저출산에 영향을 미치기도 했다. 여기에 2020년대 전후 세대가 가세해 아예 아이를 낳지 않고 두 사람만의 행복을 꿈꾸기 도 한다. 아이에게 투자할 부분을 자신들의 삶에 투자한다는 생각이다. 이에 반해 기성세대들은 어떠한가? 그들은 자신의 삶보다 '가족'을 중시 한다. '자녀의 성공'을 최우선에 둔다. 평생을 희생하고 헌신한다.

'아동발달에 미치는 아빠의 역할'이라는 명목으로 몰래카메라를 실시했다. 대상은 4세 이하의 아이를 둔 젊은 아빠들이었다. 각각의 방에 아빠들을 입실케 하고 설문지를 나눠줬다. 설문지의 문항은 다음과 같다.

1. 아이가 제일 좋아하는 음식은 무엇인가요?

2. 아이가 자는 모습을 지켜본 적이 있나요?

3. 최근에 아이를 안아본 적이 있나요?

4. 당신의 차, 핸드폰, 책상 혹은 지갑 속에 아이의 사진이 몇 장이나 있나요?

5. 아이에게 마지막으로 사랑한다고 말한 때는 언제인가요?

젊은 아빠들은 빠르게 답을 적어 나갔다. 문항이 거듭될수록 아빠들의 얼굴에는 미소가 번졌다. 누구 하나 다를 것 없이 모두들 행복한 모습이었다. 같은 질문을 대상만 바꿔 다시 질문했다.

1. 아버지가 제일 좋아하는 음식은 무엇인가요?

2. 아버지가 자는 모습을 지켜본 적이 있나요?

3. 최근에 아버지를 안아본 적이 있나요?

4. 당신의 차, 핸드폰, 책상 혹은 지갑 속에 아버지의 사진이 몇 장이나 있나요?

5. 아버지에게 마지막으로 사랑한다고 말한 때는 언제인가요?

젊은 아빠들은 쉽게 답을 적지 못했다. 생각에 잠기는가 싶더니 이내 표정이 굳어져 갔다. 그때였다. 한쪽 벽면을 차지하고 있던 VCR이 켜졌다. 굵직한 남자의 음성이 들렸다. 낯익은 목소리였다. "○○○의 아버지 ○○○입니다." 젊은 아빠들의 아버지였다.

A 아버지 : 부모라고 충분히 뭘 해줘야 하는데 해준 것도 없고 마음이 아픕니다.

B 아버지 : 계~속 부족한 것. 그게 부모마음 아닐까요? 죽는 순간까지 제가 그런 마음으로 살고 있어요. 계속 부족한 것.

C 아버지 : 너무 엄하게 했던 것. 그게 제일 미안하죠. 미안해요.

D 아버지 : 항상 부족하고 항상 미안해요.

E 아버지 : 미안하다 참 모든 것이 부족하고, 못 가르치고….

2016년, 우연히 페이스북(facebook)을 통해서 보게 된 영상이다. 불과 4분 22초밖에 안 되는 영상을 보면서 소리 내어 꺽꺽 울었던 기억이 난다. 몰래카메라가 끝나자 젊은 아빠들의 아버지가 방으로 들어왔다. 3~40대로 보이는 장정들이 아버지의 품에 안겨 울었다. 아버지도 함께 울었다. 부자가 서로 치유되는 순간이었다.

이 영상을 보면 출연한 모두의 아버지가 같은 말을 하고 있다. 그것은 사랑하는 자식을 위해 하나라도 더 해주고 싶은 부모의 심정이었다. 못

해준 것에 대한 안타까움과 미안함이다. 평생을 주고도 부족한 마음. 그 내면을 들여다보면 '희생'이라는 두 글자가 자리하고 있음을 알 수 있다. '자식을 위해서', '너를 위해서'라는 명목으로 당신을 희생하고 있었다.

한국노인상담센터장 이호선 씨가 말하는 '부모들의 신화(神話)'를 봐도 알 수 있다. 부모들의 신화는 세 가지로 나뉜다. 첫째, 부모는 늘 자녀에게 주는 존재여야 한다. 둘째, 자녀의 성공은 곧 나의 성공이다. 셋째, 부모의 역할은 언제나 보람되고 반드시 보상 받는다. 이 세 가지는 서로 다른 말인 것 같지만 역시 부모는 '주는 존재'라는 것이다. 영상의 마지막은 부자가 서로 부둥켜안고 함께 우는 장면으로 서로를 이해하고 치유하며 끝이 난다. 그 눈물에는 세월의 흔적이 고스란히 보였다. 대부분의 아버지는 고희를 넘긴 나이였고 화면에 비춰진 아버지들 중 몇몇 분은 여전히 작업복 차림이신 분들도 계셨다. 참 따스하고 아름다운 장면에 덩달아 울면서도 안타까운 마음이 들었다. 안타까운 마음이 드는 것은 시대가 달라졌다는 이유만은 아닐 것이다. 화면에 비춰진 아들의 모습에서 역시 죄송함과 감사함, 안타까움이 교차되어 보였기 때문이다.

2019년 패션브랜드 ODG의 공식 유튜브 채널에 '딸과 엄마의 대화'라는 제목의 영상이 하나 올라왔다. 서른아홉 살 엄마와 여덟 살 딸이 서로를 좀 더 자세히 알기 위해 대화를 나누는 모습의 영상이었다. 딸이 질문지에 적힌 질문을 하고 엄마가 답하는 형태로 진행되고 있었다. 질문지의 문항은 다음과 같다.

"엄마도 친구랑 싸워본 적이 있어?"
"엄마는 가장 후회하는 일이 뭐야?"
"엄마는 날 낳고 잃은 게 뭐야?"

질의응답 내내 따스한 미소로 딸을 지켜보던 엄마였다. 하지만 마지막 질문에서 표정이 굳어졌다. 만감이 교차하는 듯 보였다. "엄마가 잃은 건…, 젊음. 지금 우리 딸이 예쁜 것처럼 엄마도 예쁠 때가 있었어." 엄마는 딸이 이해하기 쉽게 설명을 이어갔다. "지금 엄마는 주름도 생기고 배도 나오고 살도 많이 쪘어. 젊음이 없어졌잖아. 대신 우리 예쁜 딸을 얻었잖아. 어디 가서 이렇게 예쁜 딸을 얻겠어?" 딸이 말했다. "엄마는 줄무늬…? 그거 없어. 젊음? 그거 없어진 거 아닌 거 같아."

화면 속에 비춰진 모녀가 참 예쁘다는 생각을 했다. 더불어 가슴 한쪽이 먹먹해졌다. '나는 어디에 있는가?', '지금 내 모습은 어떠한 모습인가?', '엄마가 아닌 여자의 모습이 있는가?'라는 의문이 생겼다. 거울을 봤다. 나 역시 눈가에 줄무늬가 있다. 배가 나와 있었다. 살도 많이 쪘다. 엄마는 어린 딸의 눈높이에 맞춰 친구처럼 대화를 하고 있었다. 그 대화의 내면에는 아직 여덟 살이 이해하지 못할 '여자'의 모습이 있었다. 나이가 들어도 여자는 여자라고 하지 않던가? 여자를 포기하고 엄마이기만을 고집하는 사람은 없다. 엄마가 되고 나니 여자가 없더라는 말도 있다. 그녀는 '네가 있으니 엄마는 괜찮어.'라며 딸에게 미소를 보냈다. 하지만 그녀의 눈은 '젊고 예쁘던 내가 그립다.'라고 말하고 있었다.

두 영상에서 보여주듯 우리 기성세대의 삶은 '자식'에게 있었다. 부모의 신화를 자식에게 투영하고 희생하였다. 어느덧 불혹의 나이가 되고 머리에 서리가 내리는 시점에 나를 돌아보니 내가 없다. '인생무상'이라고 말할 텐가?

사실 나는 예쁘고 맛있는 것이 있으면 부모인 우리 부부의 것을 먼저 챙기는 편이다. 아이들에게 어른공경과 함께 부모 스스로 자신을 사랑하고 존중하는 모습을 보여주기 위함이다. 그것을 보여주는 것으로 아이들도 부모를 존중하게 된다. 부모 스스로를 사랑하는 모습에서 자식 또한 자신을 사랑하는 법을 배운다. 스스로를 존중하게 된다.

무엇보다 부모가 행복하고 당당한 모습으로 가정에 있을 때 아이들이 그와 같은 모습의 어른으로 성장할 수 있다. 당신은 당신의 자녀가 온 평생을 희생하며 살고도 또 그의 자식에게 안타까움과 미안함이 남는 인생이길 바라는가?

나는 지금 나의 꿈, 책을 쓰는 저자로서 행복하다. 이는 나를 찾고자하는 자아실현이자 내 욕망의 표출이다. 나의 아들은 이런 나를 응원해주고 있다. 아들의 꿈뿐만 아니라 나의 꿈에 대해서 대화를 나눌 수 있는 오늘이 행복하다. 꿈을 향해 정진하는 내 모습을 보며 아이 또한 그것을 꿈꾸며 내일을 향해 나아가는 것이다.

| 08

아이가
원하는 사랑은 따로 있다

내가 중학교 3학년 때다. 담임 선생님은 개학 첫날임에도 불구하고 숙제와 준비물을 가정연락부(요즘의 알림장)에 적으라고 하셨다. 아이들은 투덜거리면서 빠르게 받아 적었다. 종례가 끝나고 청소당번이 정해졌다. 나는 다음 주 당번이었다. 청소당번이 아닌 학생들은 청소가 용이하도록 의자를 책상위에 뒤집어 올려놓는 것이 규칙이었다. 이렇게 해놓으면 청소당번들은 책상을 앞뒤로 번갈아 밀어가며 청소를 했다. 의자를 제자리로 내려놓고 책상 줄을 맞추면 청소가 끝나는 것이다.

나는 가정 연락부를 다 적은 뒤 가방을 쌌다. 의자를 올려놓기 위해 막 일어서려던 참이었다. 임시 짝인 주영이가 갑자기 신경질을 내며 "야!"

하고 소리쳤다. 나는 깜짝 놀라서 쳐다봤다. "빨리 사과해라!" 주영이가 다시 소리쳤다. 나는 뭘 사과하라는지 알 수 없었다. "뭘? 뭘 사과해?" 내가 물었다. 주영이는 내가 일어서면 자기 머리카락을 스쳤다는 것이다. 머리도 아니고 머리카락이라는 말에 어이가 없었다. 대충 미안하다고 했다. 대꾸할 가치가 없다고 생각했다.

그때였다. 앉아 있던 주영이가 내 허벅지를 발로 찼다. 나는 연분홍색 진을 입고 있었다. 내 허벅지에 운동화자국이 선명하게 찍혔다. 지금 생각하면 그때의 내 모습은 사뭇 헐크와 같았다. 화가 나면 초록괴물로 변하는 헐크. 나는 주영이 뒤쪽의 의자를 확 밀쳤다. 주영이가 맞지는 않았지만 분명 움찔하는 것이 보였다. 주영이와 나는 금방이라도 멱살을 잡고 뒹굴 기세였다.

분위기가 심상치 않자 친구들이 양쪽으로 나눠 우리를 말렸다. 그때 옆에 있던 친구가 말했다. "니가 참어. 쟤 좀 그래. 쟤랑 친한 애들도 없어." 나는 싸울 가치도 없다고 생각했다. 가방을 들고 교실을 나왔다. 뒤에서 주영이의 괴성이 들렸다. "야! 너 거기 안 서? 빨리 제대로 사과하고 가라고! 야! 어디 가?" 나는 무시했다. 싸움을 말리던 친구들은 내 쪽이 월등히 많았다. 주영이 쪽에 서 있던 친구는 고작 3~4명이 다였다. 애들 말처럼 친구가 없는 까칠한 아이라는 생각이 들었다.

집으로 돌아 와 옷을 갈아입었다. 연분홍색 바지를 벗는데 신발자국이 다시 눈에 들어왔다. 여전히 선명했다. 신발사이즈까지 가늠이 될 정도였다. 불쾌함이 다시 고개를 드밀었다. '임시 짝이니까 괜찮아. 아마 내일 선생님이 짝을 바꿔주실 거야.' 생각을 긍정적으로 바꾸며 바지를 빨았다. 엄마가 보면 괜한 걱정을 하실 것이 뻔했다.

아침 햇살이 좋았다. 콩나물시루 같은 버스도 용서가 됐다. 그 콩나물시루에서 만나는 친구들과의 수다는 싱그러웠다. 열여섯 살 여중생 눈에는 모든 것이 밝아 보였다. 그렇게 학교에 도착해서 우리 반이 가까워 오자 어제의 신발자국이 다시 떠올랐다. 교실에 들어오니 주영이는 이미 와 있었다. 내가 자리로 갔지만 우리에게 인사 따위는 없었다. 아침 조례를 위해 담임 선생님이 들어오셨다. 간단하게 조례를 마치고 선생님이 나가시려 했다. "선생님, 짝은 언제 바꿔요?" 나는 서둘러 여쭈었다. "당분간 짝은 안 바꾼다. 한 달 뒤에 바꾸자." 선생님은 단호하면서도 짧게 말씀하시고 나가버리셨다. '이게 무슨 말인가? 한 달을 이 기집애와 짝을 해야 한다니!' 선생님이 야속했다.

그럭저럭 며칠이 지났다. 다른 친구들의 말처럼 주영이는 친구가 없었다. 우리 반 친구들도 주영이에게 말거는 것을 못 봤다. 쉬는 시간에 다른 반 친구들이 주영이를 찾아오는 일도 없었다. 점심시간에도 늘 혼자 밥을 먹었다. 슬슬 신경이 쓰였다. 그러던 어느 날 주영이가 나에게 말을 걸어왔다. "야, 점심 같이 먹을래?" 나는 깜짝 놀랐다. 하지만 애써 태연한 척 주영이의 제안을 받아 들였다. 다른 친구들에게도 같이 먹자고 권했다. 친구들은 어쩔 수 없다는 표정이었다. 주영이가 도시락을 열자 우리는 일제히 "우와~!" 탄성을 질렀다.

주영이의 도시락은 3단 도시락이었다. 초록색 녹두꽃이 싱그럽게 웃고 있는 백미밥 한 칸, 소고기장조림과 비엔나소시지의 반찬이 한 칸, 상큼하고 탐스러운 키위와 딸기가 한 칸. 김치와 어묵볶음이면 진수성찬인 우리의 도시락과는 차원이 달랐다. 어색해하는 친구들 사이에서 내가 먼저 주영이 도시락의 딸기를 손으로 집어 먹어 먹었다. "야, 니네 집 부자냐? 음~ 딸기 맛있네!"

다음 날도 그 다음 날도 주영이는 딸기를 싸와서 내게 건넸다. 나중에 알게 된 사실이지만 내가 딸기를 좋아하는 줄 알았다 했다. 며칠이 지나자 친구들은 주영이와 점심을 더 이상 같이 먹지 않았다. 그렇다고 내가 계속 권할 수도 없는 노릇이다. 그렇게 주영이와 나 둘만의 점심시간이 계속 되었다. 상큼하고 탐스런 딸기처럼 우리의 우정은 무르익고 있었다. 그러던 어느 날 주영이의 집에서 하루를 자게 됐다.

역시 주영이의 집은 부자였다. 주영이의 아버지는 무슨 큰 사업을 하고 계셨다. 주영이는 밤이 깊어지자 조금씩 자기 얘기를 하기 시작했다.

첫마디가 '외롭다'는 것이었다. 나는 그 나이까지 외롭다는 단어를 생각해 본적이 없었다. 아니 생각을 해도 그건 책에서나 표현되는 단어였다. 그런데 주영이가 외롭다는 말을 했다.

"나는 외로워. 아빠 얼굴 보기도 힘들어. 아빠가 돈은 많이 주지. 내가 사고 싶은 것도 다 사주고. 아까 들어 온 여자도 아빠의 여자야. '새엄마'라고 하지. 옛날에는 오빠랑 얘기를 좀 했는데 이젠 오빠도 없어. 집 나갔어. 가끔 전화하는데 아빠가 전화 받을까 봐 그것도 어려워. 나에게 안부 따위를 묻는 사람은 없어. 아무도 나를 좋아하지 않아. 나는 니가 부러워."

처음으로 가난한 우리 집이 좋다는 생각을 했다. 외롭다는 단어를 몰랐지만 주영이가 외로울 것 같았다. 그날부터 나의 정의감이 불타올랐다. 어릴 때 읽었던 '돈키호테'를 좋아 했던 나였다. 돈이 많은 주영이는 나에게 뭘 자꾸 사주려고 했다. 그때마다 내가 말했다.

"니가 이러니까 노는 애들이 너를 이용하는 거야! 노는 애한테 옷 빌려주지 마. 받지도 못하면서. 그 애들은 니 옆에 있을 친구들이 아니야."

친구가 없어서 그렇게 한다는 주영이었다. 그것도 아니면 자기를 보고 웃어주는 사람은 없다는 것이다. 나는 주영이가 노는 애들과 어울리려고 할 때마다 말렸다. 노는 애들에게 엄포를 놨다. "야! 니들 주영이 이용하지 마. 계속 그렇게 하면 가만 안 있을 거야!" 무슨 배짱이었는지 지금 생각해도 알 수 없다. 처음에는 나를 잡아먹으려 하던 노는 애들도 시간이 지나자 꼬리를 내렸다. 심지어 그 애들도 나를 좋아하기에 이르렀다.

처음에 고등학교 진학도 하지 않으려 했던 주영이다. 고등학교는 졸업해야 한다고 내가 신신당부했다. 물론 성적이 안 됐다. 아버지가 돈을 쓰셨다는 후문이다. 아버지가 워낙 완고하신 분이라 나는 '새엄마'와 친해질 것을 권하기도 했다. 그러면 아버지도 조금 달라질 거라는 열여섯 살의 생각이었다. 주영이는 내 말을 잘 들었다. 새엄마와의 관계를 시도했다. 어느 날 아버지가 "학교는 다닐만 하니?"라고 물어왔다고 뛸 듯이 기뻐했다.

청소년 NGO단체인 청예단에서 2015년 청소년을 대상으로 '부모에게 가장 듣고 싶은 말'에 대해서 설문조사를 실시한 것을 본 적이 있다. 결과는 다음과 같았다. (1위 ⇨ 6위순)

엄마에게 가장 듣고 싶은 말 : 사랑해 - 괜찮아 - 고마워 - 수고했어 - 힘들지? - 미안해
아빠에게 가장 듣고 싶은 말 : 사랑한다 - 수고했어 - 미안해 - 고마워 - 괜찮아 - 보고 싶다

자세히 보면 그리 어려운 말도 아니다. 그렇다고 부모가 자녀에게 쉽게 하는 말도 아니다. 왜 그런 것일까? 설문조사 결과를 내용에 따라 해석해보면 다음과 같이 요약 · 정리할 수 있다.

첫째, '사랑한다, 사랑해' - 아이들이 사랑한다는 말을 원하는 것은 아이를 있는 그대로 사랑한다고 말해 주기 원하는 것이다. 부모들의 잣대에 비추어 비판하지 말라는 뜻이다.

둘째, '괜찮다, 수고했어, 힘들지' - 자녀들은 지금 자기들의 상황을 이해해달라는 뜻이다. 이해하고 기다려달라는 것이다.

셋째, '고맙다' - 아이들이 어렸을 때는 사소한 것에도 감사한 표현을 아끼지 않았다. 아이들의 웃는 모습, 건강하게 자라는 모습, 씩씩하게 뛰어 노는 모습 등 부모인 나에게 와 준 것만으로 감사했다.

넷째, '미안해' - 내 아이니까 알겠지. 아직 어린데…. 이런 생각은 금물이다. 어른인 부모도 잘못한 것이 있으면 바로 사과해야 한다. 이것은 아이를 하나의 인격체로 존중한다는 의미다.

다섯째, '보고 싶다' - 감정표현이 서툰 아빠들도 표현을 해야 한다. 아이가 커가면서 더 어색할 수 있지만 아이들은 아빠의 표현을 원한다. 말이 어렵다면 한번 안아주는 것으로도 아이들은 충분히 느낀다.

　며칠 전 아들에게 질문을 했다. '아빠는 우리 아들에게 어떤 아빠일까?' 아들이 대답했다. '내가 원하는 것을 잘 들어주시는 아빠' 다시 물었다. '아빠 하면 생각나는 것은 무엇이 있을까?' 다시 아들이 대답했다. '어릴 때 자전거 가르쳐주신 것. 같이 축구하고 놀았던 것' 세 번째 질문을 바꿔 봤다. '우리 아들은 어떤 아빠가 되고 싶어?' 아들이 세 번째 답을 했다. '친구 같은 아빠. 놀이나 체험 등을 함께 하고 이야기할 수 있는 아빠. 아들과 공감할 수 있는 아빠.'

　아이들이 원하는 것은 큰 것이 아니다. 자신을 있는 그대로 바라봐 주고 이해해주길 원한다. 같은 것을 공유하며 함께 이야기하길 원한다. 나는 오늘 아들에게 말한다. 자취생활로 떨어져 있는 큰아들에게는 문자로 대신한다.

　"다른 사람이 아닌 내게 와줘서 고마워. 나에게 가장 큰 선물은 바로 너야. 사랑해."

3장

자꾸만 미안해하지 않기 위해
시작한 엄마 공부

세상에
100점 엄마는 없다

"야, 4등! 내가 너 땜에 미치겠다!"

"너 4등하고 먹을 게 입으로 넘어가니? 너 어떻게 살려고 그래?"

"너 인생을 꾸리꾸리하게 살려고 그래?"

"니가 싫어가는 엄마가 뒤에 쫓아온다고 생각해. 그럼 초가 준다고!"

정지우 감독의 영화 〈4등〉이다. 영화의 주인공 '준호'는 수영에 천부적인 재능을 가졌다. 하지만 대회에 나갔다하면 4등의 늪에서 벗어나지 못한다. 한 계단만 더 오르면 메달권이다. 수영을 포기할 수도 없다. 준호의 엄마는 1등에 대한 집착을 버리지 못한다. 엄마는 수소문 끝에 새로운 수영코치 '광수'를 찾는다.

새로운 수영코치 광수는 대회 1등을 만들어주겠다고 말한다. 원하는 대학까지 골라갈 수 있게 해주겠다고 호언장담한다. 그러니 엄마는 연습 기간 동안 절대 수영장 출입을 금할 것을 요구한다. 준호를 그림자처럼 따라 다니던 엄마는 못내 불안한 표정이다. 하지만 광수를 믿어보기로 한다.

다음날 준호는 연습장을 찾았다. 수영코치 광수가 없다. 주변을 탐색하던 끝에 PC방에서 코치를 발견했다. 그날 두 사람은 하루 종일 게임을 한다. 다음날도 마찬가지다. PC방에서 게임을 하지 않으면 술을 마시는 광수. 그는 16년 전 아시아 신기록까지 달성한 국가대표 출신이다. 대회가 하루하루 다가오자 준호는 불안했다. 연습을 요구하는 준호와 귀찮아하는 광수가 실랑이를 벌이던 끝에 준호가 소리친다. '나 수영하는 거 한번이라도 보고 얘기해요!' 어쩔 수 없이 연습장으로 향한 광수는 준호의 수영실력을 보게 된다. 준호의 실력을 인정한 것일까? 광수는 준호를 코칭하기로 결심하는데….

의심 반, 기대 반의 시간이 지나고 드디어 수영 대회에 출전한다. 준호는 거의 1등이었다. 1등과 불과 0.02초 차이로 생에 첫 은메달을 목에 건다. 4등이 아니었다. 준호는 물론이고 준호의 부모는 크게 기뻐한다. 케이크까지 준비하여 준호의 가족은 파티를 한다. 오랜만에 웃음꽃이 핀 준호네. 그때 신이 난 동생 기호가 해맑게 물었다.

"정말 맞고 하니까 잘 한 거야? 예전에는 안 맞아서 맨날 4등 했던 거야, 형?"

동생 기호의 말에 시퍼렇게 질린 가족들의 얼굴처럼 열두 살 준호의 몸은 멍투성이었다. 코치 광수가 준호를 훈련시키는 동안 체벌하고 있었던 것이다. '너를 위해서', '너 잘 되라고'라는 명목이었다. 준호 엄마는 이 사실을 알고 있었다. 준호를 1등으로 만들기 위해 묵인하고 있었던 것이다.

"나, 사실 준호 맞는 것보다 4등하는 것이 더 무서워."

준호엄마의 만류에도 준호아빠는 코치를 찾아 더 이상의 체벌은 안 된다고 말한다. 흰 봉투를 건네는 준호의 아빠는 기자였다. 영화 전반에 코치 광수의 과거가 나온다. 어린 광수는 친구들과 어울리며 도박까지 하는 등 방탕한 생활을 한다. 이를 지켜보던 당시의 코치는 광수를 체벌하며 끝내 최고의 수영선수로 만든다. 최고가 된 광수였지만 자신의 코치에게 반기를 들며 수영을 그만두었다. 이런 광수가 준호에게 다시 그것을 반복하고 있었다. "잡아주고 때려주는 선생이 진짜다."라고 말하는 광수였다. 견디다 못한 준호는 수영을 그만 두겠다고 말한다. 이를 승낙하는 아빠와는 달리 엄마의 화는 하늘을 치솟았다.

"내가 어떻게 했는데. 내가 너보다 더 열심히 했는데. 감히 내 허락도 없이 수영을 그만 둬? 니가 나한테 어떻게 이렇게 할 수 있어?"

준호가 수영을 그만 두자 화살은 동생 기호에게로 향했다. "너는 엄마의 뭐?"라는 엄마의 질문에 "엄마의 희망"이라고 대답하는 동생 기호. 그러나 "형이 다시 수영을 하면 좋겠어! 엄마가 나만 괴롭히니까!"라고 소리친다.

이 영화는 국가인권위원회가 2003년부터 인권과 관련된 주제로 제작된 '인권 영화'시리즈 작품이다. 다시 말해 국가기관에서 국가의 예산으로 국가 공무원이 감독 섭외부터 개봉까지 전 과정을 함께하는 영화다. 부모와 아이가 함께 보면 좋은 영화로 추천이 되는 영화이기도 하다. 영화 중반에 체벌당한 준호가 동생을 똑같이 체벌하는 모습이 나온다. 형의 수경을 허락 없이 썼다는 이유다. 본인이 코치에게 맞았던 모습대로, 본인이 들었던 말 그대로 동생에게 체벌을 가한다. "잘못했으면 맞아야 돼." 체벌세계를 정당화 해주는 말이 된다.

체벌은 악습이다. 악습은 순환구조를 이룬다. 코치 광수가 그랬고 준호가 그렇고 다시 동생에게로. 어른들의 욕심과 집착이 어떠한 결과를 만들어내는지 생각하게 하는 영화다.

내가 근무하는 약국에는 오랜 단골환자들이 많다. 정형외과가 주를 이루는 종합병원 앞에 위치해서이다. 일반적인 교통사고 환자 외에 거의 대부분이 연세가 있는 어르신들이다. 고질병인 신경통으로 인한 것이다. 평생에 걸쳐진 질병인 만큼 하루 이틀 만에 낫는 질환이 아니다. 사실상 상태유지를 최상의 치료로 봐도 과언이 아니라 하겠다.

그런 환자들 중에 '김호선'이라는 분이 계시다. 눈꼬리가 하회탈처럼 웃고 계시는 어머님이다. 언제나 두건을 쓰고 다니신다. 김호선 어머님은 허리며 다리 어느 곳 하나 성한 데가 없다. 하회탈을 쓴 어머님은 늘 웃고 계시지만 그것을 벗으면 채 마르지 못한 눈물 자욱이 가득하다.

김호선 어머님은 십여 년 전에 아들을 잃었다. 교통사고였다. 아들을 잃은 슬픔으로 십 년이 훨씬 지난 지금도 밤에 잠을 못 이루신다고 한다. 가슴이 답답하고 숨을 쉴 수가 없다고 하셨다. 몸을 움직이지 않으면 자꾸 아들 생각이 난다는 어머님이시다. 운전자에게 미안하지만 차에 뛰어들어 아들 곁으로 가고 싶다고 하신다. 말씀을 하시는 어머님은 여전히 하회탈을 쓰고 계셨다.

그러한 이유로 어머님은 몸을 한시도 놀리지 않으셨다. 일부러 24시간 일하는 곳을 알아보시고 '해장국집' 같은 식당에서 일하신다. 어머님은 식당 퇴근시간인 10시경에 약국에 들리셔서 청심환을 사가신다. 그것을 드시고 잠을 청하신다. 겨우 두 시간 정도 주무시고, 다시 점심시간에 맞춰 일을 나가신다.

"어? 어머님, 오늘 왜 이렇게 예쁘세요? 오늘 뭐 좋은 일 있으세요?"
"내, 지금 우리 아들한테 간다 아이가~. 오늘 우리 아들 기일이다. 아들 볼 생각에 기분이 막 좋다 아이가~."

'부모가 죽으면 산에 묻고 자식이 죽으면 가슴에 묻는다.'고 했던가! 그날 어머님은 마치 첫사랑과 데이트를 하러 나가는 스물 살 아가씨마냥 곱고 사랑스러운 모습이었다. 꽃이라도 사드리고 싶었지만 자리를 비울수 없었다. 받지도 않으실 어머님이다. 한사코 뿌리치는 어머님께 청심환을 그냥 드렸다.

앞서 말한 준호엄마와 약국에 오시는 김호선 어머님, 두 사람은 모두 자식에 대한 집착을 보여주고 있다. 아이의 미래를 위한다는 명목의 집착과 먼저 간 아들을 놓지 못하는 집착. 물론 후자의 경우는 집착이라고 표현하기에 무리가 있을 수 있다. 내가 말하고 싶은 건 그것이 아니다. 두 경우 모두 자식을 위하는 것도 아니고, 물론 부모 자신을 위한 길도 아니라는 것이다.

영화 〈4등〉에서 준호는 코치 광수를 찾아가 다시 수영을 하고 싶다고 말한다. 코치는 "니 혼자해도 할 수 있다."는 말과 함께 자신의 수경을 하나 선물하고 엄마 몰래 대회에 참가한 준호는 꿈에도 그리던 '1등'을 한다. 그러나 자신의 삶에는 남편이 건강한 것과 아이들이 좋은 대학을 가는 것 외에는 아무것도 없다는 준호엄마의 대사로 끝이 난다.

부디 바라건대 엄마 자신의 삶을 오롯이 자식에게 쏟아 붓는 것이 100점 엄마라는 착각에서 벗어나야 한다. 부모의 집착에 의해서 자란 아이들은 그 밑바닥에 '죄책감'이 깔려 있다. 항상 부모의 기대치에 부응해야 한다는 부담감은 그것을 이루어 내지 못했을 때 죄책감으로 남는 이유다. 이 죄책감에 아이는 성장하지 못한다. 내 아이를 잘 키우고자 하는 부모의 욕심이 오히려 아이를 망가뜨리는 결과를 낳는 셈이다.

02

엄마의 감정을 다스리는 것이 육아의 시작이다

퇴근한 남편이 희성이를 데리고 병원에 가보라고 했다. 희성이는 며칠을 피곤해하며 잠만 잤다. 깨어 있을 때에도 눈을 크게 뜨지 못했다. 최대한 크게 치켜뜬 눈이라고 보여주지만 그 모습은 흡사 만화에 나오는 꺼벙이 같았다. 당시에는 학원 가지 말라는 내 말을 벌이라고 생각하던 희성이었다. 하지만 이 날은 "엄마, 나 오늘 학원 쉴래."라며 침대를 파고들었다.

남편의 말에 나는 고집을 부렸다. '저러다 말겠지. 며칠 피곤한 것이겠지.'라며 스스로의 마음을 속였다. 숨어있던 그것은 두려움이었다. 그러다 두려움에 종지부를 찍은 것이 초콜릿이었다. 어느 날 학원을 다녀 온 아들이 자랑처럼 내게 말했다.

"엄마, 학원선생님이 초콜릿을 주셨는데 다 먹었다~."
"그거 한 판을 다 먹었다고?"
"응, 조금 먹다보니까 맛있어서 다 먹게 됐어."

나는 놀라지 않을 수 없었다. 대부분의 사람들이 그게 뭐 놀랄 일이냐고 할 것이다. 하지만 희성이는 달랐다. 달콤한 초콜릿향이 좋아 포장을 뜯었다가도 손톱만한 한 쪽을 다 못 먹는 아이였다. 단것을 싫어했다. 집에는 선물 받은 사탕이며 과자들이 나뒹굴었다. 그것을 남에게 줘버리거나 버리기 일쑤였다. 껌 한쪽을 씹어도 뱉어버리고 물을 찾는 아들이었다. 그런 아들이 초콜릿 한판을 다 먹었다는 것이다. 더 미루면 안 될 것 같았다. 시계를 보니 병원 문 닫을 시간이 다 돼가고 있었다. 서둘러 남편과 아들을 병원으로 보냈다. 이번에도 별일 아닐 것이라 생각했다. 유별난 내 성격 탓이라 생각했다. 집에서 기다리는 동안 나는 자꾸만 작은 아들은 끌어안았다. 무서웠다.

집으로 돌아온 남편은 믿을 수 없는 말을 했다. 내 아들 희성이가 '소아당뇨'라는 것이다. 그것도 '제1형 소아당뇨(인슐린의존성 당뇨)'라고 했다. 양쪽 집안에는 당뇨 이력이 없었다. 나는 '당뇨'에 대해서 완전 문외한이었다. 증상이 어떤지도 몰랐다. 의사선생님은 소견서를 써줄 테니 내일 아침이 밝는 대로 다시 들르라고 했다. 나는 믿지 않았다. 아니 믿을 수 없었다. 먹는 것 입는 것 어느 하나 살뜰히 보살피지 않은 적이 없다. 그런데 나에게, 우리 아들에게 이런 일이 일어날 수는 없다. 밤을 새워 아들 옆을 지켰다. 아니라고 거짓말이라고 수백 번, 수천 번을 외쳤다. 잠들어 있는 아들이 너무 작아 보였다. 평화롭게 내 양수 안에서 유영을 즐기던 내 아들이다. 눈부신 태양을 마주하겠다고 세상에 나온 보물이다. '두고 보자!'며 아침을 기다렸다. 다시 병원을 찾았다. 의사선생님은 다시 한 번 제1형 소아당뇨가 맞다고 확인시켜줬다. 한 번의 정화 과정도 없이 그대로 아이가 듣고 있었다. 이미 흐려진 눈으로 곁눈질을 했다. 의사선생님은 "좋은 약 많습니다!"라는 말을 던졌다. 그것은 위로가 아니라 선고였다.

우리는 대학병원에 한 달을 입원했다. 입원기간동안 당뇨에 대한 교육이 병행됐다. 식이요법, 운동, 자가 혈당 검사, 주사요법 등 이다. 아들은 아홉 살이라는 어린나이에도 빠르게 숙지했다. 스스로 여린 손가락에 바늘을 찔러 피를 냈다. 혈당검사를 위한 것이다. 퇴원 전에 스스로 주사까지 해냈다. "안 아파? 안 무서워?"라는 내 질문에 "엄마, 나 할 수 있어!"라며 늠름하게 웃어 보였다.

아무렇지 않게 주사바늘을 찌르는 아들을 쳐다볼 수 없었다. 내 몸과 아들 몸을 바꿀 수만 있다면 제발 그렇게 해달라고 신께 빌고 또 빌었다.

"희성아, 우리 여기 벤치에 앉아서 한번 실컷 울고 들어갈까?"

"응."

"걱정 마. 엄마가 꼭 낫게 해줄게. 우리 희성이 안 아프게 해줄게. 엄마 믿지? 엄마는 무엇이든지 할 수 있어. 엄마니까! 엄마가 꼭 우리 아들 낫게 할게!"

운동을 위해 병원과 30분 거리에 있는 서점을 다녀오던 길이었다. 가을 낙엽이 네온사인과 어우러져 찬란하게 빛나는 밤이었다. 아들을 끌어안았다. 숨죽여 울던 아들이 꺽꺽 소리 내어 울기 시작했다. 그렇게 마른 낙엽이 다 젖을 만큼 우리 모자는 울고 또 울었다. 아들의 머리와 등을 쓸어내리는 내 손이 거칠게 떨렸다.

퇴원 후 나는 미쳐 있었다. 하루도 정신이 온전한 적이 없었다. 어떻게든 아들을 낫게 한다는 생각뿐이었다. 전국의 유명하다는 병원을 다 찾았다. 좋다는 것이면 뭐든지 구했다. 돼지감자가 좋다고 하여 남편이 시골 야산을 다 뒤져 돼지감자를 캐 왔다. 나는 그것을 장기 보관하기 위해 씻어서 일일이 슬라이스 했다. 온 집안이 돼지감자로 발 디딜 틈이 없었다. 베란다에 말리면 먼지가 앉을 것 같아 실내에서 말린 탓이다. 남편과 내 손에 물집이 잡혀 터졌다. 아픈 줄 몰랐다. 내 아들만 나으면 그만이었다.

아이의 발병 후 나는 새벽 3시 전에 잠든 적이 없다. 한참 성장하는 아이들은 밤 시간대 혈당이 불규칙하다. 낮 시간 동안의 활동이 밤 혈당에 미친다. 밤 혈당은 아침의 혈당을, 아침의 혈당은 하루의 혈당을 좌우한다. 그렇다고 아이를 뛰어놀지 못하게 할 수는 없다. 수시로 혈당 체크를 했다. 혈당 체크를 위해 잠든 아이의 손을 잡으면 움찔했다. 언제가 부터는 바늘로 찔러도 새근새근 잘 잤다. 아이가 움찔할 때마다 가슴이 아팠다. 아무렇지 않게 새근새근 잘 때는 더 아팠다. 퍼렇게 멍든 가슴은 양파 속껍질마냥 금방이라도 찢어질 것 같았다. 아이가 없는 동안 간식을 만들어 놓았다. 아이에게 아무거나 먹일 수 없기 때문이다. 매일 밤을 새다시피 잠들지만 아이의 등교를 위해 이른 시간에 일어났다. 하루 동안 주사 할 인슐린을 챙겨 아들을 등교시켰다. 그런 뒤 디스크가 있는 나는 수영을 했다. 젖은 머리로 2교시 후 간식을 먹이기 위해 학교를 찾았다.

이런 나에게 어느 날 남편이 말했다. "열심히 한다고 잘하는 것이 아니다. 잘해야 잘하는 것이다!" 나를 걱정한 남편의 발언이라는 것을 안다. 그러함에도 나는 외로웠다. 세상에 내편은 아무도 없는 것 같았다. 숨을 쉬고 싶었다. 그날 밤이었다. 아이의 혈당 체크를 하고 베란다로 나갔다. 19층에 위치한 우리 집이 세상 불빛에서 멀어진 느낌이었다. 그냥 발을 내디뎌도 될 것 같은 착각이 들었다.

아들의 발병 후 7개월쯤 지나서이다. 가족모임이 아닌 개인약속은 아들 발병 후 처음이었다. 대학동기를 만났다. 동기라고 하지만 학교를 늦게 들어간 나에게는 동생이었다. 동생은 나에게 부모님이야기부터 본인의 연애, 결혼까지 모든 것을 공유·의논했다. 또한 나를 오빠처럼 때로는 아빠처럼 챙겨주던 동생이다. 오랜만에 만난 우리는 반가운 마음에 한참을 떠들었다. 그러다 동생이 물어왔다.

"근데 누나, 누나 얼굴이 많이 상했어."

나는 아들 이야기를 했다. 친정엄마에게도 남편에게도 할 수 없었던 말이다. 누군가는 내 마음을 알아줬으면 했다. 당연히 눈물이 났다. 오랜만에 나를 잘 아는 사람을 만나 말할 수 있는 것이 좋았다. 그것만으로도 위로가 됐다. 하지만 그것으로 한 사람과의 인연이 멀어져갔다.

사람들은 단순한 것을 좋아한다. 자기 하나만으로도 충분히 힘겹고 어깨가 무겁기 때문이다. 나는 평소에 내 얘기를 잘 안한다. 중·고등학교 때부터 친구들의 이야기를 들어주는 편이었다. 그래서 상담을 요청하는 친구들이 많았다. 나는 그 동생 일이 있고 난 뒤 내 입을 더 닫게 되었다. 설상가상으로 우리 부부와 10년 이상 알고 지내는 친구 부부가 농담을 했다. '희성이 엄마가 너무 깔끔 떨어서 애가 그렇게 된 것 아니냐?' 나는 가슴의 빗장을 더 단단히 걸었다.

나의 얼굴에선 웃음이 사라지기 시작했다. 남편에 대한 감정이 이자를 불리고 있었다. 아들 역시 마찬가지다. 아들은 발병 후 사춘기를 거쳐 성인이 됐다. 그런 아들은 나와 심각하거나 깊은 얘기를 나누려 하지 않는다. 늦은 후회로 대화를 시도하지만 바로 차단기를 내린다. 나의 외로움과 아픔으로 아들의 마음을 헤아리지 못한 탓이다. 나의 외로움은 복병처럼 엉뚱한 곳에서 튀어 나왔다. 남편에게 화가 되고 아이들에게 욱이 되고 있었다.

나는 나의 감정을 덮어두려 했다. 어차피 아무도 모르니까 덮어 두면 나조차 모를 것이라고 생각했다. 그렇게 눌려 있던 감정이 폭발하면 우울했다. 우울해지니 다시 화가 났다. 더 이상 참을 수 없었다. 화를 내는 상대가 가족이고 아이라는 것이 싫었다. 무엇보다 나의 감정으로부터 자유롭고 싶었다.

그것에 선택한 방법이 적는 것이었다. 나의 감정을 인정하고 이해하기 위한 노력이었다. 복잡한 감정을 정리하기 어려울 때도 일기 쓰듯 적다 보면 보인다. 화가 났던 상황, 화를 냈던 상대, 화를 냈던 방식, 화를 낸 결과 등을 적는다. 적다보면 응용이 된다. 다음에 비슷한 상황이 발생하면 어떻게 대처할 것인지를 스스로 찾게 된다. 이러한 과정으로 조금씩 변화되는 나를 발견할 수 있었다.

| 03

성공적인 육아를 위해서는
엄마 공부가 필요하다

"고객님 안녕하세요? 잘 지내셨어요? 오늘은 점검하고 필터도 교체하겠습니다."

"네, 항상 수고가 많으시네요. 맨날 퇴근시간에 맞추다 보니 늦어서 죄송해요."

"아유~. 아니에요. 그나저나 또 설이 다가오네요. 큰집이 어디세요?"

"예, 저는 제가 모셔요. 어른 모시는 거라 생각해요. 나중에 복 받겠죠? 하하하."

"아이구~ 복 받고 말구요! 이왕 하는 거 그렇게 생각하면 좋죠."

정수기 점검이 있는 날이었다. 정수기 매니저가 고객의 안부를 묻는 것을 시작으로 '설'이라는 주제가 수다로 이어졌다. 수다를 별로 좋아하지 않는 나였다. 아줌마들이 쏟아내는 수다의 대부분이 시댁이나 남편 흉을 보는 것이다. 누워서 침 뱉기와 같다. 그리 생산적인 대화라고 생각하지 않는다. 그런 이유로 정수기 매니저가 오면 방에 들어가 버린다. 차라리 인터넷으로 뉴스라도 보는 게 낫다는 생각이다. 그러던 내가 몇 년 전부터 생각의 각도를 조금씩 바꿨다. 사람은 사람으로 이어진다는 생각이다. 내가 까칠한 만큼 세상도 나에게 까칠해진다. 나의 한마디로 상대가 하루 동안의 스트레스를 잠시나마 잊을 수 있다면 나 또한 감사한 일이다. 정수기 매니저와의 설을 화두로 시작한 수다가 자녀교육에 대한 토론으로 이어졌다.

"실례지만 매니저님 이 일 말고 다른 일도 하세요? 아까 말씀하시는데 강연도 하시나요?"

"아, 제가 〈한국입양홍보회〉에 있어요. 교육도 하고 봉사도 하고 그래요."

"아! 정말 대단하세요!"

정수기 매니저에게는 딸이 둘 있다고 했다. 그런 상태에서 사내아이 한 명을 막내로 입양했다고 했다. 감탄하는 나에게 매니저님은 말했다. 내가 그 아이를 선택한 것이 아니고 그 아이가 나를 선택한 것이라고. 그 수많은 사람 중에서 본인을 엄마로 선택해서 온 선물이라고 말했다. 그 아이로 인해서 웃게 되는 일이 너무 많다고. 너무 감사하다는 말을 더 했다.

　우리 또한 그렇지 아니한가? 내가 아이를 선택한 것이 아니고 아이가 나를 선택해서 나에게 와준 것이 아닌가! 수많은 사람들 중에서 나에게 온 선물이다. 처음 아이가 태어났을 때 그 환희를 기억하는가? 처음 '엄마'라고 불렀을 때, 처음 걸음마를 뗄 때, 처음 학교를 입학할 때.

　'예쁘다, 예쁘다' 했었고 '잘 한다, 잘 한다' 했었다. 그런데 아이가 커가면서 부모들이 하는 말들이 바뀐다. '공부해라', '학원 갔다 왔니?', '핸드폰 그만하고', '대학은 가겠니?', '커서 뭐가 될래?' 그러니 아이가 방문을 닫게 된다. 그러니 아이가 말문을 닫게 된다. 나 역시 그랬다. 부모 자격이 없는 무식한 엄마, 그것이 내 모습이었다. 부모 자격이 없는 무식한 엄마란 무엇을 말하는가? 바로 자기 자식의 말을 알아듣지 못하는 엄마다. 내 자식이 아프다고 몸부림 칠 때 몰랐다. 그 아픈 자식의 마음을 들여다보지 않고 소리치는 겉모습만 봤다. 엄마인 내게 말대꾸하고 대드는 모습만을 봤다. 그것만 보고 나도 소리치고 화를 냈다. 거짓말하면 거짓말한다고 야단쳤다. 왜 엄마에게 거짓말을 하는지, 무엇 때문에 거짓말까지 하게 됐는지 묻지 않았다. 지각을 하면 나태하다고 '이런 생활태도로 사회에 나가면 뭐가 될래?'라며 미래까지 함부로 추측했다. 공부하라는 잔소리를 해댔다. 원하는 것이 무엇인지 그것을 위해서 필요한 공부가 무엇인지 묻지 않았다. 아이의 마음을 들여다보지 않았다.

정수기 매니저의 막내는 초등학생 4학년이라고 한다. 초등학교 4학년 교과서에 '입양'에 대한 내용이 나온다. 선생님께서 수업시간에 '입양에 대해서 어떻게 생각하니?'라고 학생들에게 물으셨다. 30명 가까이 되는 학생들의 답이 두 가지로 나뉘어 졌다고 한다. 하나는 '불쌍하다.', 또 다른 하나는 '가짜다.'

나는 이 이야기를 듣고 정말 깜짝 놀랐다. 초등학교 4학년이면 그리 어린 나이라고 할 수는 없다. 이 질문에 대해서 최소한 이렇게 답하면 안되지 않는가? 가짜라니! 불쌍하다니! 정수기 매니저는 부모들이 문제라고 말씀하셨다. 나도 동감이다. 가정에서 TV를 보면서 무심코 흘린 말들을 아이들이 하는 것이다. 학교에서 돌아 온 정수기 매니저님의 아들이 "엄마, 친구들에게 얘기 안 하길 잘했다."라고 말했다고 한다. 당장 매니저님은 교장선생님을 찾았다고 한다. 수업시간 중 잠깐의 시간을 허락해 달라고 부탁했고 승낙을 얻었다고 했다. 학생들과 선생님에게 입양에 대한 올바른 인식을 심어주기 위해서였다. 말미에 집으로 돌아가면 엄마에게도 꼭 얘기하라고 학생들에게 당부를 했다고 하셨다.

함께 공감하고 맞장구치는 나에게 하나의 사례를 더 말씀하셨다. '입양 (入養)'과 '입식(入植)'의 차이에 대해서다. 모 방송국에서 방영하는 동물프로그램이 있다. 이 프로그램은 남녀노소를 불문하고 인기가 많은 프로그램이다. 어느 날 방송을 진행하던 MC가 동물들을 집으로 들이는 표현에 '입양(入養)'이란 단어를 사용한 것이다. '입식(入植)'이 맞는 표현이다. 나도 몰랐다. 나는 덕분에 귀한 것을 알게 돼서 감사하다고 인사했다. 나처럼 모를 수 있다. 모르면 배워 정정하면 된다. 문제는 여기에 있었다. 정수기 매니저가 방송국에 전화를 했고 정정을 요구했다고 했다. 그 프로그램 작가와 직접 통화했음에도 불구하고 지금도 '입양'이라는 단어를 사용하여 방송중이라 한다. 단순히 단어선택만의 문제는 아니다. 입양가족들에게는 상당히 예민한 부분이다. 이들은 사회적 편견과 싸우고 있다. 왜 그럴까? 개개인의 아이는 존중되어야 할 인격체이기 때문이다. 올바른 단어 선택으로 인격을 존중하라는 의미인 것이다. 아이들 스스로의 선택도 아니었다. 본인들 삶의 결과도 아니다. 그럼에도 이 아이들은 마땅히 누려야 할 권리를 누리지 못하고 사랑을 받지 못하고 있다. 올바른 단어 선택이 중요한 이유는 그 아이들에게 또다시 상처를 주지 않기 위함이다.

〈한국입양홍보회〉에서는 입양에 대한 것뿐만 아니라 미혼모 돌봄도 함께 진행 중이라 했다. 미혼모들이 거리에서 방황하는 것이 아니라 쾌적한 환경에서 아이들과 함께 있을 수 있다고 한다. 또한 미혼모들을 대상으로 교육도 진행 중이라고 했다. 각자의 사연으로 어린 나이에 엄마가 되었지만 그녀들은 엄마가 됨과 동시에 모성애를 가진 존재다. 자신에게 닥친 불행을 불행으로 보지 않고 어떻게든 삶을 지키려고 한다.

이 단체는 비영리단체로 사회적인 편견과 멸시로부터 아이들을 보호한다. 미혼모를 대상으로 봉사·교육까지 병행하는 이유다. 미혼모 시설에 가면 미혼모들은 청소하는 방법조차 모른다고 했다. 일상 가정생활의 기초적인 것도 모르는 것이다. 내가 있는 공간을 어떻게 쓸고 닦아야 하는지부터 가르친다고 한다. 여기에 시기별 육아와 기본적인 훈련을 해준다고 한다. 시설방문이 거듭될수록 미혼모들의 변화되는 모습을 볼 수 있다고 한다. 여유로워지고 한결 밝아진 것이다. 무엇보다 미래에 대한 희망을 꿈꾼다는 것이다. 어느 날 열아홉 살의 미혼모가 조용히 다가와 부탁의 말이 있다고 했다.

"저, 선생님. '엄마'라고 불러도 돼요? '엄마'라고 너무 불러 보고 싶어요."
"그럼! 당연하지. 내가 엄마 할게. 내가 엄마잖아."

이 아이들 역시 누군가의 몸을 통해 세상 밖으로 나왔다. 이유야 어떻든 존중받고 사랑받아야 하는 존재다. 어른들의 실수로 아이들이 거리로 내몰리어진 것이다. 가족들의 배려와 사랑이 있었으면, 조금만 관심을 가지고 아이들을 쳐다봤으면…. 안타까운 마음에 눈시울이 붉어졌다.

학교에서의 입양교육과 방송국, 미혼모의 사례를 접하며 꼭 그곳에만 국한된 것이 아니라는 생각을 했다. 아이를 낳는 것으로만 엄마의 역할을 다하는 것이 아니다. 제대로 된 육아를 위해서는 엄마공부가 필요하다. 엄마공부의 시작은 관심이고 배려다. 관심과 배려는 아이의 말에 귀를 기울이고 아이의 눈을 쳐다보는 것으로 시작된다. 만약 지금 아이가 당신을 부른다면 당장 이 책을 놓아라. 아이의 눈을 쳐다봐라. 아이가 어리다면 키높이를 맞춰라. 그것으로 아이는 크기 시작한다.

| 04

아이의 타고난 성향을 알면
육아가 쉬워진다

여러분은 '에니어그램(Enneagram)'이라는 것을 알고 있는가? 에니어그램은 인간의 성격을 9가지로 분류하여 인간을 이해하려는 하나의 틀이다. 희랍어 'ennear(9)'와 'grammos(점, 선, 도형)'의 합성어다. 에니어그램은 크게 세 가지의 마음(머리, 가슴, 장)으로 나뉘고 다시 총 아홉 가지의 유형으로 나눠서 이해할 수 있다.

Ⅰ. 머리형(이성)

– 합리적이고 논리·객관적이다. 지식과 정보가 자산이라 생각한다. 수면이나 혼자만의 시간을 가지며 재충전한다.

① 5유형(관찰하는 아이) : 혼자 있기를 좋아하고 자기만의 공간을 좋

아한다. 대인관계 및 감정읽기의 어려움이 있다. 옳은 얘기를 잘하며 예약되지 않은 만남은 싫어한다.

② 6유형(성실한 아이) : 새로운 것에 대한 두려움과 겁이 많다. 두려움으로 인해 '~해서 안 될 거야.'라는 부정적인 생각이 많다. 사회적 규범을 준수하고 무엇보다 자신이 정한 규칙을 중요시 한다.

③ 7유형(유쾌한 아이) : 즉흥적이고 낙천적이다. 다재다능하며 유머감각이 뛰어나다. 아이디어가 풍부하고 복잡한 것을 싫어한다. 도전하는 것을 좋아하나 어떠한 일에 대한 호감이 떨어지면 곧바로 다른 것을 한다.

Ⅱ. 가슴형(감성)

– 관계에 대한 불안과 걱정을 갖고 있다. 관계가 잘못되면 수치심이 생김. 인맥과 자신의 이미지를 중시한다. 사람을 만남으로 재충전한다.

① 2유형(친절한 아이) : 타인을 도와주는 것을 좋아하고 이에 따른 보상심리가 있다. 다정하고 분위기 메이커다. 타인을 잘 살피고 오지랖이 넓다. 공부도 잘 한다. 항상 인정하고 칭찬을 해줘야 한다.

② 3유형(우수한 아이) : 결과중시, 효율적이다. 목표의식이 높고 임기응변이 좋다. '대회에 참가하는데 의의가 있다.'라는 식의 표현을 싫어한다. 명확한 목표에 대한 결과가 있어야 한다.

③ 4유형(낭만적인 아이) : 예술가적인 기질을 타고난 아이로 독창적이다. 나에게 없는 것이 타인에게 있는 것을 시기한다. '내가 주인이다.'라

는 의식으로 '이건 너만이 할 수 있는 거야.'식의 칭찬이 좋다.

Ⅲ. 장형(의지)

– 이 유형의 아이들은 분노가 있다. 특히 자신 마음대로 안 될 때 분노한다. 활동적인 유형이다.

① 1유형(노력하는 아이) – 섬세하며 완벽을 추구한다. 도덕적인 판단으로 기준에서 벗어나는 것을 싫어한다. 정리정돈을 잘 하고 결과보다는 과정을 중요시 한다.

② 8유형(주장하는 아이) – 즉각적인 분노 표출. 본인은 잘못한 것이 없다고 생각한다. 정의감이 많고 본인 스스로 결정하는 주도적인 유형이다. 성향을 개발하고 믿어줘야 잘 성장한다.

③ 9유형(느긋한 아이) – 자신의 분노를 잘 알아차리지 못함. 싸움이나 갈등을 싫어한다. 잘 일어나지 않고 숙제도 잘 안한다. 결정력이 부족하고 고집스럽다. 평화주의자, 상담자가 많다. 게으르다고 질책하지 않고 마음읽기를 통한 양육이 중요하다.

첫째 희성이가 병원에 입원했을 당시 민수는 여섯 살이었다. 희성이가 한 달을 입원해 있는 동안 민수는 어쩔 수 없이 친정엄마인 할머니 댁에서 지냈다. 이래저래 두 아들에게 미안한 엄마였다. 민수는 할머니 댁에서 잘 적응했다. 할머니 말씀을 안 들어 혼나기도 하고 할머니랑 싸우기도 하고 그렇게 할머니의 친구가 되기도 했다.

큰아이가 궁금하고 딸이 걱정되는 마음에 친정엄마는 병원에 자주 들리셨다. 100cm도 안 되는 민수의 조그마한 손을 잡고 항상 걱정 어린 눈으로 손자랑 딸을 번갈아 보셨다. 나는 엄마보다 민수가 먼저 눈에 들어왔다. 못 본지 며칠 안됐지만 언제나 반가웠다. 병실 문을 열고 종종걸음으로 '엄마~'하고 품에 안겼다. 형의 안부를 물었다. "형아~ 잘 있었어? 형아 안 아파?" 형 희성이가 대답한다. "어, 괜찮아." 흐뭇한 형의 미소다.

친정엄마는 언제나 딸의 안색부터 살피며 눈물을 삼키셨다. 희성이 앞에서 우는 모습 보이지 말라는 내 당부였다. 물론 엄마도 그리 생각하셨다. 희성이 스스로가 친구들과 다르다고 생각하면 안 되기 때문이다. 그러던 어느 날 엄마는 민수가 밥을 잘 안 먹는다며 걱정스레 말씀하셨다. 뭘 해 먹이면 좋을지 물으시며 다음 말씀을 이으셨다. 그리고는 눈물을 참지 못하고 울먹이셨다. 희성이가 잠시 자리를 비운 틈이었다.

"민수가 그저께 밥을 먹다가… 입에 물고만 있고 빨리 안 먹어서 애를 쳐다봤더니… 닭똥 같은 눈물을 뚝뚝 흘리더라. 그래서 왜 그러냐고 물으니, '할머니, 이제 형아 고기 못 먹어요? 형아 고기 좋아 하는데… 형아 불쌍해서 어떡해요?' 이러더라. 그 조그만 게 무슨 생각을 했는지 어떻게 그런 생각을 했는지 내가 마음이 아파서…. 니 얼굴도 엉망이고. 우리한테 왜 이러는지 모르겠다."

민수는 그랬다. 어려서부터 감성적이었다. 자기만의 생각도 많았다. 혼자 뭔가를 골똘히 생각하다 눈물을 뚝뚝 흘리곤 했다. 민수가 어릴 때는 감성적 표현이 예쁘다고 생각했다. 그러나 아이가 조금씩 커가자 그러한 성격이 걱정스러웠다. 더군다나 성향 또한 매사 느릿느릿한 편이었다. 걱정은 질책과 채근으로 이어졌다. 당연히 아이와의 갈등도 깊어졌다.

질책한다고 아이의 성향이 바뀌는 것은 아니었다. 나는 아이의 타고난 성향을 알고 인정하기 시작했다. 그러자 민수는 자기 본연의 감성에 창조의 꿈을 실었다. 진로선택으로 '그림'을 택한 것이다. 스스로를 찾아가는 과정에서 본인이 무엇을 제일 잘하는지, 무엇을 할 때 행복한지를 알게 된 것이다.

희성이가 네 살 되던 무렵 동생 민수가 태어났다. 형들은 형들만의 소양을 가지고 태어나는지 누가 가르쳐주지 않아도 형이었다. 민수가 백일도 안 되는 어느 밤이었다. 동생이 자다가 우니까 잠결에 '엉아 여기 있어. 울지 마. 괜찮아' 하고는 동생을 토닥이는 시늉을 했다. 희성이가 너무 기특하고 예뻤다. 시계바늘이 새벽 네 시를 향하고 있었다.

그런 희성이가 다섯 살 되는 해였다. 유치원을 다녀 온 희성이 가방에서 수저통을 꺼내고 있었다. 못 보던 원목교구가 하나 보였다. 아주 잘

깎아 놓은 둥근 공 모양의 교구였다. 희성이에게 무엇이냐고 물었다. 희성이가 대답했다. 유치원에 있는 건데 너무 예뻐서 동생 주려고 가져왔다고 했다. 허락도 없이 가져왔다는 사실에 먼저 놀랐다. 그것과 동시에 '형'의 마음이 보였다. 다섯 살이라는 나이는 어떤 생각까지 할 수 있을까? 나는 너무 신기하고 대견했다. 동생을 생각하는 마음이 너무 예뻤다. 칭찬부터 해줬다.

"아이고~ 우리 희성이가 어느새 큰 형아가 됐네! 동생 생각하는 마음이 너무 예쁜걸! 그런데 희성아 선생님 허락은 받았을까? 선생님 허락은 받고 가져와야 될 것 같은데. 다른 친구들이 교구놀이 할 때 하나 모자라면 만들기를 못 할 수도 있잖아. 그러면 그 친구가 속상해할 것 같은데…. 어떻게 해야 할까?"

"내일 가져다 놓을게, 엄마."

"그래 그러는 게 좋을 것 같지? 선생님께 동생주려고 가져왔는데 다시 돌려준다고 얘기하자. 그게 좋겠지? 그리고 우리 희성이, 민수 사랑하는 만큼 한번 안아줄까?"

"어, 알았어."

희성이가 동생 민수를 꼭 안아주었다. 영문을 모르는 민수는 형을 보고 웃었다. 그날 저녁 퇴근하는 남편에게 이 일을 얘기해줬다. 남편 역시 흐뭇한 미소를 보이며 희성이를 번쩍 들어 비행기를 태워줬다.

희성이는 억울한 것을 굉장히 싫어한다. 만약 내가 희성이에게 '교구를 왜 몰래 가져왔니?'라고 물었으면 자지러지게 울었을 것이다. 자기주장 또한 강한 아이여서 엄마인 내게 원망을 가졌을지도 모른다. 희성이의 이러한 성격은 스물 살이 된 지금도 그대로 배어 있다. 자기주장대로 기획하고 이끄는 것을 좋아한다. 잘한다고 스스로를 인정하는 아이다. 나 또한 그것을 칭찬하고 믿어주고 있다.

많은 부모들이 '내 아이인데 왜 이렇게 나와 틀릴까?'라고 말한다. '틀린' 것이 아니라 부모인 나와 '다른' 것이다. 나와 아이가 다름을 인정하고 아이를 이해해야 한다. 모든 아이들은 에니어그램의 아홉 가지 유형을 다 가지고 태어난다고 한다. 아이들의 성향은 부모의 양육태도에 영향을 받아 형성이 된다. 양육과정에서 본인의 자아(egd)를 점점 강화하는 쪽으로 가는 것이다.

에니어그램의 유형들에 비춰 아이를 잘 관찰해보자. 부모인 나의 유형 또한 관찰하자. 더 이상 육아가 어렵지만은 않을 것이다. 하나씩 드러나는 내 아이의 신비로움을 체험하며 육아가 즐거워질 것이다.

아이의 타고난 성향을 알면 육아가 쉬워진다

에니어그램(Enneagram)

사람들이 느끼고 생각하고 행동하는 유형을 9가지로 분류할 수 있으며 이 중 하나의 유형을 타고난다고 설명하는 행동과학이다. '에니어그램(Enneagram)'은 그리스어의 '아홉(ennea)'이란 단어와 '모형(gram)'이란 단어의 조합이다. 크게 세 가지의 마음(머리, 가슴, 장)으로 나뉘고 다시 총 9가지 유형으로 나눠서 이해할 수 있다.

– 출처 : HRD 용어사전, 2010. 9. 6. (사)한국기업교육학회)

Ⅰ. 머리형(이성)

① 5유형(관찰하는 아이) : 지식전문가 / ② 6유형(성실한 아이) : 질문전문가 / ③ 7유형(유쾌한 아이) : 선택전문가

Ⅱ. 가슴형(감성)

① 2유형(친절한 아이) : 조력전문가 / ② 3유형(우수한 아이) : 성취전문가 / ③ 4유형(낭만적인 아이) : 창조전문가

Ⅲ. 장형(의지)

① 1유형(노력하는 아이) : 개혁전문가 / ② 8유형(주장하는 아이) : 도전전문가 / ③ 9유형(느긋한 아이) : 화합전문가

| 05

아이의
성장 속도에
맞추는 육아를 하라

육성회비를 가져오라는 날은 정말 학교 가기가 싫었다. 선생님이 콕 집어서 육성회비를 내지 않은 아이들을 일으켜 세우고 나무랐다. 어떤 날은 교실 뒤로 나가 서 있기도 했고 복도에 쫓겨나 있기도 했다. 내가 죄인처럼 느껴졌다. 지금 생각해보면 당당할 수 있을 것 같기도 한데 그때는 예민한 사춘기였다.

이러한 이유로 내 아이는 잘 키우고 싶었다. 이모 집에 살 때 교수촌의 아이들처럼 모든 것을 누리게 해주고 싶었다. 최상의 것을 먹이고 최고의 교육을 해주고 싶었다. 내가 할 수 있는 범위에서 허락하는 모든 것을 해주고 싶었다. 누가 가르쳐준 것도 아니고 누가 시킨 것도 아니었다.

내 나름의 교육철학은 그랬다.

첫째 희성이는 어린이집이나 유치원을 보내는 것으로 시작하지 않았다. 네 살 되던 해에 미술학원을 보냈다. 사실 학원이라는 이름을 걸고 있었지만 미술중점 유치원인 셈이다. 학원비가 만만치 않았으나 타 기관보다 창의성발달에 나을 것이라는 판단이었다. 그 곳은 외부활동이 많았다. 나의 바람대로였다. 최소한의 한글공부 외에 미술작업과 그에 병행되는 외부참여활동을 많이 했다. 미술학원 원장님의 교육 철학이었다. 내가 이곳을 선택한 이유이기도 했다.

원내·외에서 활동하는 모든 것을 매일 사진으로 업로드해주고 있었다. 하루에도 수십 장의 사진들이 올라왔고 학부모들의 댓글과 선생님의 답문이 있었다. 내가 살고 있는 논공에서는 이런 시스템으로 운영되는 기관은 없었다. 당연히 학부모들의 반응이 좋았다. 제일 활동적인 학부모는 '희성이 엄마'였고 제일 많이 업로드되는 사진은 '희성'이었다.

미술학원을 2년 동안 다닌 희성이를 여섯 살이 되면서 유치원으로 보냈다. 신설 유치원으로 타 유치원과 차별화된 교육이 이루어졌다. 유치원 자체에 수영장까지 겸비한 곳이었다. 당시 타 기관들은 물놀이를 위해 다른 지역까지 원정을 가거나 조그만 풀을 이용했다. 뿐만 아니라 이곳은 국악프로그램에 학부모들을 위한 요가교실 및 세미나까지 개최했다. 당연히 유치원비는 고가였다.

　나는 늘 그랬다. 대구로 이사 나와서도 마찬가지였다. 인성교육을 우선으로 둔 유치원을 선별하면서도 언제나 최고의 교육기관을 선택했다. 논공에서 문화적인 혜택에 목말랐던 나는 대구로 나오면서 이곳저곳을 누볐다. 아이들 손을 잡고 서점·도서관을 찾는 것은 물론이고 문화센터의 프로그램을 휩쓸었다. 희성이의 초등학교 입학을 전후해서 컴퓨터·한자 자격증 시험에 바둑, 태권도, 수영 등. 할 수 있는 것은 그것이 무엇이든 다 했다. 아이 시간을 분단위로 쪼개어 관리했다. 그러다 아이의 발병을 기점으로 'all stop!!' 아무것도 안 보였다. 학교를 제외한 모든 것이 아이의 병을 낫게 하겠다는 목표 아래 다시 맞춰졌다.

　아이가 학업성적이 뛰어난 것도 아니다. 완쾌된 것도 아니다. 물론 이 부분은 의학적으로 기다려야 되는 부분이긴 하다. 타이거맘(Tiger Mom, 호랑이처럼 자녀를 엄격하게 교육하는 엄마)이니 헬리콥터맘(helicopter mom, 자녀주변을 맴돌며 온갖 일에 다 참견하는 엄마)이니 뭐 이런 말들이 없던 그 시기에 내 모습이 그러했다.

　첫째 아이는 시행착오라고 했던가? 둘째 민수 때는 조금 달랐다. 여섯 살이 돼서야 유치원을 보냈다. 그것도 불안해하는 남편의 성화에 못 이겨서다. 아직까지 아이를 끼고 있으면 어쩌냐는 주변 반응이었다. 당시

나는 전업주부였다. 그 정도의 교육은 내가 할 수 있다고 판단했다. 그렇게 시작한 유치원도 일 년을 채우지 않고 중간에 그만뒀다. 첫째 희성이의 발병으로 인한 것이다. 희성이가 학교 간 오전시간에는 오롯이 민수만 바라봐줄 수 있었다. 그해 겨울을 민수와 지지고 볶고 싸우며 지냈다.

민수는 형의 모든 것을 부러웠다. 형이 키가 더 큰 것도, 옷이 많은 것도, 형이라는 것도 다 부러워했다. 심지어 선생님이 많은 것도 부러워했다. 형은 학교에도 선생님이 있고 학원에도 있다. 집에 찾아오시는 학습지 선생님도 있다. 민수는 늘 그것을 부러워했다.

유치원도 다니지 않고 엄마랑 공부하고 놀고 있으니 선생님이 없었다. 동네 같이 노는 친구들도 선생님이 있었다. 민수는 자기도 선생님이 있으면 좋겠다고 조르기 시작했다. '나 삐졌어!' 새 주둥이마냥 입을 삐죽이 내밀기도 했다.

다섯 살 생일을 앞둔 날이었다. 한글선생님을 한 분 부르기로 했다. 그날 민수가 좋아하던 모습이 지금도 기억난다. 며칠 뒤 한글 선생님이 오셨고 민수는 수업을 받기 시작했다. 처음에는 매우 즐거워했다. 선생님이 숙제로 내 주는 것도 금방 해치웠다.

그런데 선생님은 민수의 속도를 따라가지 못하였다. 자음, 모음을 한

번 보면 기억하는 민수였다. 선생님은 아이의 속도와 성향을 고려하지 않고 일률적으로 정해진 학습량만을 교육하셨다. 선생님께 개인별 진도를 요구했다. 자음, 모음을 외워버린 민수는 간단한 단어를 만들고 곧 받침 두 개인 글자까지 읽고 썼다. 결국은 민수가 '선생님 안 할래.'라고 먼저 말했다.

민수는 6월생이다. 학습지를 시작한 때가 5월 중순경이었다. 학습지를 시작했을 때만해도 글자를 잘 몰랐다. 그러다 생일을 기점으로 봇물이 터졌다. 스펀지로 꽉 머금고 있던 글자들을 쏟아냈다. 7월에는 초등학생 1학년 형의 받아쓰기까지 불러줄 정도였다.

"형아~ 그거 아니고! '달이 밝다! 밝다.'라고!" 글자는 알았지만 발음은 부정확한 민수였다. 민수는 민수대로 희성이는 희성이 대로 답답해했다. 아이들 성격이 나빠질 것 같았다. 킥킥거리며 내가 바통을 받았다. 깊은 한숨을 쉬며 다섯 살 민수가 돌탑 쌓듯 블록으로 성을 쌓았다.

같은 형제라도 아이마다 성장하는 속도가 다르고 성향이 다르다. 이를 무시한 채 일방적인 교육을 주입한다는 것은 아주 위험하다. 늘 엄마의 지시대로 움직이는 아이는 자기주도성이 없이 크게 된다. 스스로의 선택·진행이 없으므로 성취감 또한 없다. 아이가 크면서 억눌려있던 감정으로 인해 부모에게 반항하며 폭력적인 성향을 보일 수도 있다. 자존감이 낮은 것은 당연한 이치다. 다음을 보고 혹시 내가 육아에 있어서 조급증을 가진 부모가 아닌지 자가진단해보기 바란다. 그것에서 벗어나는 방법 또한 함께 제시하여본다.

육아 조급증을 보이는 부모의 유형

1. 부모의 욕심이나 성취 욕구를 아이에게 강요한다.
2. 부모의 능력을 아이를 통해 과시하여 보여주려 한다.
3. 어른의 입장(시선)으로 아이를 보려 한다.
4. 확고한 육아 원칙이 없다.
5. 아이가 잘 되는 것이 내가 잘 되는 것이라고 생각한다.
6. 조기교육은 꼭 이루어져야 한다고 생각한다.

육아 조급증에서 벗어나는 방법

1. 절대 다른 아이와 내 아이를 비교하지 않는다.
2. 아이가 스스로 선택하고 경험할 수 있는 기회를 준다.
3. 아이에게 너무 큰 기대를 하지 않는다.
4. 아이의 마음을 공감하고 함께 의논한다.
5. 내 아이의 성향과 발달정도를 이해한다.
6. 어느 정도는 아동의 발단단계를 미리 숙지한다.

며칠 전 아이와 진로에 대해서 얘기를 나누었다. 현재 산업디자이너를 꿈꾸는 민수는 미술학원에 다니고 있다. 올해 입시를 치룬 선배들과의 간담회가 있었던 날이다. 입시선배들의 경험과 노하우를 듣고 온 민수는 그것을 나에게 말해주고 있었다. 간담회를 마무리하면서 담당선생님께서 '남과 비교하지 말라.'고 말씀하셨다고 한다. 절대 지금 자신의 모습을 남을 비교하지 말라는 말이다. 타인과 비교하면서 좌절하고 포기할 필요가 전혀 없다는 뜻이다. "그렇네~ 그렇구나!" 아이의 말에 맞장구치며 나를 돌아봤다.

인도출신 작가이자 대학교수인 오쇼 라즈니쉬(Osho Rejeesh)는 말한다.

"사람을 앞으로 가게 하는 방법에는 두 가지가 있다. 하나는 뒤에서 총을 겨누는 것이고, 또 다른 하나는 앞에 꽃을 놓는 방법이다"

아이가 태어남과 동시에 나도 '엄마'로 태어난다. 아이가 첫돌이 되면 엄마인 나도 한 살, 아이가 처음으로 학교를 입학하면 엄마인 나도 초등학생, 아이가 사춘기면 엄마인 나도 사춘기다. 아이와 함께 태어나서 성장하는 것이 엄마다. 좌충우돌 시행착오가 많은 것은 당연하다.

나 역시 그랬다. 수많은 시행착오를 겪으며 아이와 함께 커왔다. 그런 과정 중에 깨달은 것이 앞서가지 않는다는 것이다. 아이와 발을 맞추는 것이다. 조금 느려도 괜찮다. 아이와 보폭을 맞춰 걷다보면 단단한 아스팔트를 뚫고 피어난 들꽃을 만날 수도 있다. 아이와 함께 그 생명의 소중함을 노래할 수 있는 엄마가 되길 바란다.

아이의 성장속도에 맞추는 육아를 하라

세상에 똑같은 사람은 없다. 생김새부터 각자의 성향·성장 속도도 다르다. 이를 무시한 채 일방적인 교육을 주입해서는 안 된다. 늘 부모의 지시대로 움직이는 아이는 자기주도성이 없이 자란다. 스스로 선택하고 진행하는 것이 없으므로 성취감도 없다. 이러한 아이가 더 성장하면 억눌려있던 감정으로 인해 부모에게 반항하며 폭력적인 성향을 보일 수 있다. 자존감이 낮은 것은 당연한 이치다.

다음을 보고 혹시 내가 육아에 있어서 조급증을 가진 부모가 아닌지 자가진단 해보기 바란다.

육아 조급증을 보이는 부모의 유형
1. 부모의 욕심이나 성취 욕구를 아이에게 강요한다.
2. 부모의 능력을 아이를 통해 과시하여 보여주려 한다.
3. 어른의 입장(시선)으로 아이를 보려 한다.
4. 확고한 육아 원칙이 없다.
5. 아이가 잘 되는 것이 내가 잘 되는 것이라고 생각한다.
6. 조기교육은 꼭 이루어져야 한다고 생각한다.

결과중심이 아닌
과정을 읽어주고 칭찬하라

내 책가방은 사각형의 빨간색이었다. '똘이장군'이나 '태권V'같은 캐릭터는 없었다. 숙제할 교과서와 필기도구를 챙겼다. 주말 동안 읽을 책도 한 권 넣었다. 버스를 타고 네 정거장을 가서 십 분정도를 더 걸어야 한다. 그냥 걷기로 했다. 무엇보다 날이 좋았다. 시간이 급한 것도 아니었다. 사실 시간이 여유로웠는지 내 마음이 여유로웠는지 모른다. 이렇게 걸어가는 길이 좋았다. 이렇게 찾아가는 집이 좋았다. 집에 가면 엄마도 있고 아버지도 계셨다. 몇 번을 갔던 터라 지름길도 알고 있었다. 오늘도 길모퉁이의 초록대문 집은 대문이 45°로 열려 있다. 키 작은 담 너머의 빨간 장미가 만발해 있었다. 〈들장미소녀 캔디〉라는 만화에 나오는 테리우스가 살지도 모른다는 생각이 들었다.

한약재 냄새가 나면 집이 가까워졌다는 신호다. 대로변의 한약방을 지나 언덕으로 올라가면 우리 집이다. 한약방은 '경희한의원'이라는 간판을 걸고 있었다. 내 이름과 같다. 금의환향이라도 하는 듯 가슴을 펴고 걸음을 재촉했다.

나는 주말이면 우리 집을 찾았다. 내가 간다고 할 때도 있지만 보통 이모가 다녀오라고 했다. 앞에서 언급한 적이 있다. 나는 초등학교 4학년까지 이모 집에서 살았다. 집안 형편과 외동딸인 사촌동생이 심심하다는 이유였다. 내가 집으로 갈 때면 이모는 차비를 주셨다. 삼천 원에서 오천 원의 용돈도 별도로 주셨다. 지금 생각해도 초등학생에게 큰 용돈이다. 부자인 이모는 언제나 넉넉했다. 나는 그것을 아껴 동생 과자를 사주기도 했다. 평소 이모 집에서 나는 맛있는 것을 먹지만 동생은 그렇지 못했다. 동생이 맛있다며 아껴 먹는걸 보고 가슴이 짠할 때도 있었다. 내 나이 열 살도 안됐을 때다.

그 날은 여름이 성큼 다가서는 토요일 오후였다. 아이스크림을 사기로 마음먹었다. 슈퍼에 들른 나는 이것저것 막 골라 담았다. 평소 이모부가 한 꾸러미의 아이스크림을 사올 때 부러워했던 나였다. 우리 집에도 그러고 싶었다. 이천 원치를 골랐다. 사실 삼천 원 어치를 골랐다가 너무 많아서 덜었다. 우리 집 냉장고에 다 들어가지 않음이 확실했기 때문이다.

계산을 위해 슈퍼 아주머니께 오천 원짜리를 드렸다. 아주머니가 나를 이상하게 쳐다보셨다. 어린 계집애가 혼자 와서 그 많은 아이스크림을 사고 큰돈을 내밀었으니 그럴만했다.

"엄마~ 나 왔어! 아빠 아이스크림 사 왔어."
"아이구~ 경희가 아이스크림을 다 사 왔나? 근데 뭔 기집애가 아이스크림을 이래 마이 사 왔노? 겁도 없구로!"

아버지가 혼내듯 말씀하셨다. 그러자 엄마가 눈을 찡긋거리며 아버지 말씀을 막았다.

"사오고 싶어 사온 거지. 엄마, 아빠도 먹고 동생도 주려고…."

나는 어려서부터 눈치가 빨랐다. 엄마가 왜 그리 말씀하시는지 알았다. 내가 아이스크림을 사온 이유를 엄마는 아시는 것이다. 아직 어린 내가 큰돈을 썼다는 것에 엄마도 아버지와 같은 생각이었을 것이다. 아버지는 보이는 그것으로만 야단치려 하셨다. 내가 경제관념 없이 클까 봐 염려하신 탓이다. 엄마는 달랐다. 내가 무슨 마음으로 그 많은 아이스크림을 사왔는지 알고 계셨다. 오히려 가슴 아파하셨다. 엄마의 한마디로 아버지마저 같은 마음임을 눈빛으로 알 수 있었다. 아버지는 바로 "우리 경희가 사온 아이스크림 하나 먹어볼까? 너무 맛있겠는걸!" 하시고 아이스크림 봉지를 유쾌하게 뜯으셨다. 평소 같으면 당신은 안 드신다며 내게 주셨을 것이다. 그날은 달랐다. 아버지 입으로 먼저 가져갔다. 엄마도 하나 꺼내 드셨다. "시원하니 달콤하고 너무 맛있다! 우리 경희가 사와서 그런가?" 하며 웃으셨다. 나는 가족이 서로 눈치 보지 않고 아이스크림을 먹는 모습이 너무 좋았다. 나는 일부러 그러신 것을 안다. 엄마 아버지 모두 두 개씩 드셨다.

아이스크림 봉지를 치울 때다. 니스 칠이 고르지 못한 종이장판 위에 하얀 물방울이 떨어져 있었다. 이것이 뭐냐고 아버지께서 물으셨다. 나는 '크림'이라고 대답했다. 아버지는 "그래?" 하시며 곧장 다리에 슥슥 바르셨다. 나는 '아이스크림인데~'하며 자지러지게 웃었다. 일부러 앞 글자 '아이스'를 빼고 '크림'이라고 말씀드린 것이다. 그러자 아버지께서 "에이~ 크림인줄 알았더니." 하시며 나를 보고 웃으셨다. 나는 아버지가 일부러 속아준 것을 안다. 그래서 더 좋았다. 식구가 한데 모여서 아무것도 아닌 일로 웃고 있다. 이 작은 행복이 가족의 모습이 아닌가란 생각을 했다. 그로부터 몇 달 지나지 않아 나는 우리 집에서 살겠다고 선전포고했다. 맛있는 반찬이 없어도 괜찮았다. 피아노나 그림을 배우지 못해도 별 문제가 되지 않았다. 가족이 함께 있으니 좋았다. 나의 마음을 알아주고 그것을 칭찬해주시는 부모님이 좋았다.

어느 날 유튜브에서 EBS 다큐멘터리를 하나 접하게 됐다. 『성공의 새로운 심리학』의 저자 '캐롤 드웩' 박사의 '학습문제/평가문제'에 대해 초등학생에게 실험을 하는 영상이었다. 실험에 앞서 아이들의 성향을 파악하여 각각 열 명의 아이들을 두 그룹으로 나눴다. '학습목표' 성향이 강한 아이들과 '평가목표' 성향이 강한 아이들이다. 학습목표의 성향이 강한 아이들은 자신의 실패는 노력 부족이나 방법이 틀려서라고 생각한다. 반면 평가목표의 성향이 강한 아이들은 자신의 실패를 능력이 없어서라고 생각한다.

이 두 그룹의 아이들에게 약간의 난이도가 있는 문제를 똑같이 나눠 줬다. 실험시간 역시 같은 시간을 줬다. 다른 것이 있다면 옆에서 피드백하는 선생님의 태도(말)다. 한쪽은 '머리가 참 좋구나!', '넌 똑똑하구나!'라고 칭찬한다. 또 다른 한쪽은 '노력하는 모습이 멋지다.', '어려운 문제인데도 도전하다니 대단하다.'라고 칭찬한다.

1차 실험이 끝나고 아이들에게 실제로 받은 점수보다 반 정도 낮은 점수를 알려 줬다. 그런 후 다시 두 그룹의 아이들에게 2차 실험을 위한 문제를 선택하라고 했다. '학습문제'와 '평가문제'의 선택이었다.

학습문제는 난이도가 좀 더 있는 문제로 다소 어렵기는 하지만 새로운 것을 배울 수 있는 문제다. 반면 평가문제는 난이도가 높지 않은 문제로 자신이 얼마나 잘 하는지, 얼마나 똑똑한지를 보여줄 수 있는 문제였다.

학습목표 성향이 큰 아이들 10명 가운데 대부분의 아이들이 학습문제를 선택했다. 그런데 문제가 다소 어려웠음에도 불구하고 이 그룹의 아이들은 1차 때와 비슷한 결과를 보였다. 오히려 한 문제를 더 맞히는 아이들도 있었다. 반면 평가목표 성향이 큰 아이들은 10명 가운데 반 정도에 가까운 학생들이 평가문제를 선택했다. 그런데 1차 실험 때보다 더 낮은 결과가 나왔다. 아예 몇 문제 풀지 못하고 중간에 포기하는 모습을 보이는 아이들도 있었다.

실험이 모두 종료되고 아이들에게 문제선택의 이유를 물었다. 학습문제를 선택한 아이들은 "좀 어렵기는 하지만 조금 더 배울 수 있을 것 같다."라는 대답을 했다. 평가문제를 선택한 아이들은 "문제를 더 많이 못 맞출 것 같아서. 아는 문제이니까 쉽게 풀 수 있을 것이다."라는 대답을 했다.

이 실험을 통해서 알 수 있는 것은 평가목표를 가진 아이들은 새로운 것에 도전하는 것을 두려워하고 난관에 부딪혔을 때 쉽게 포기한다. 반면 학습목표를 가진 아이들은 새로운 것을 알게 되는 것에 도전한다. 이를 해결했을 때 느끼는 성취감으로 자신감이 생긴다. 그렇다면 우리 아이들을 어떻게 키워야 할까? 당연하다. 후자인 학습목표를 가진 아이로 키워야 한다. 여기에 필요한 것이 '칭찬'이다. 무조건 좋은 말을 하는 것이 칭찬은 아니다. 우리는 무심코 아이들에게 '너는 머리가 좋구나.', '똑똑하구나.'라고 칭찬한다. 이것은 올바른 칭찬이 아니다. 이런 칭찬은 아이의 지능(능력)만을 칭찬하는 거다. 지능(능력)칭찬을 받는 아이는 '평가목표'를 가진 아이로 자라게 된다. 실패에 부딪혔을 때 자신의 능력부족이라 생각한다. 자신의 능력이 없음을 증명하는 결과라고 생각한다. 자신감이 상실되고 새로운 것에 대한 도전하려는 용기를 갖지 못하게 된다. 반면 '지난번보다 10점이나 성적이 올랐구나.'라고 과정을 칭찬해주는 아이는 '학습목표'를 가진 아이로 자라게 된다. 이런 아이는 배우는 것에 초점을 맞춘다. 실패는 배움을 위한 과정이라고 생각한다. 도전의식을 갖고 그것을 이루는 과정에서 성취감을 맛보게 된다. 자기 효능감을 가지며 자존감이 높은 아이로 자란다.

나는 그것이 무엇이든 내가 해낼 수 있는 힘이 있다고 스스로를 믿었다. 힘든 과정도 있고 실패를 경험하기도 했다. 다소 시간이 걸리더라도 나는 그것을 이루어냈다. 나 자신을 믿는 힘은 내가 만들어 낸 것이 아니다. 그것은 부모님의 칭찬이었다. 부모님은 결과만을 보지 않고 과정 안의 나를 칭찬하셨다. 우리 아이들도 마찬가지다. 아이가 목표를 향하는 과정에서 한 계단 한 계단 나아지는 모습을 칭찬하자. 이것이 바로 내일의 더 나은 자신을 향해 달려가는 동기부여의 힘이 된다.

결과중심이 아닌 과정을 읽어주고 칭찬하라

┃ 학습목표와 평가목표

『성공의 새로운 심리학』의 저자 '캐롤 드웩' 박사의 '학습문제/평가문제'
에 대해 초등학생을 대상으로 실험을 했다. 실험에 앞서 아이들의 성향
을 파악하여 각각 열 명의 아이들을 '학습목표' 성향이 강한 아이들과 '평
가목표' 성향이 강한 아이들의 두 그룹으로 나눴다.

① 1차 실험

다소 어려울 수 있는 문제를 두 그룹에 똑같이 나눠준다. 피드백 선생
님의 태도(말)를 달리 한다. '머리가 참 좋구나!', '넌 똑똑하구나!'라고 칭
찬 / '노력하는 모습이 멋지다', '어려운 문제인데도 도전하다니 대단하
다.'라고 칭찬한다.

② 2차 실험

아이들에게 1차 실험에서 실제로 받은 점수보다 반 정도의 낮은 점수
를 알려 준다. 그런 후 다시 두 그룹의 아이들에게 2차 실험을 위한 학습
문제/평가문제를 선택하라고 한다.

③ 실험결과

⇒ 학습목표의 성향이 강한 아이

- 자신의 실패는 노력 부족이나 방법이 틀려서라고 생각한다. 새로운 것을 알게 되는 것에 도전한다. 이를 해결했을 때 느끼는 성취감으로 자신감이 생긴다.

- 2차 실험결과 : 아이들 10명 가운데 대부분의 아이들이 학습문제를 선택했다. 그런데 문제가 다소 어려움에도 이 그룹의 아이들은 1차 때와 비슷한 결과를 보였다. 오히려 한 문제를 더 맞히는 아이들도 있었다.

-학습 문제 선택의 이유 : 좀 어렵기는 하지만 조금 더 배울 수 있을 것 같다.

⇒ 평가목표의 성향이 강한 아이

- 자신의 실패를 능력이 없어서라고 생각한다. 새로운 것에 도전하는 것을 두려워하고 난관에 부딪혔을 때 쉽게 포기한다.

- 2차 실험결과 : 아이들은 10명 가운데 반 정도에 가까운 학생들이 평가문제를 선택했다. 그런데 1차 실험 때보다 더 낮은 결과가 나왔다. 아예 몇 문제 풀지 못하고 중간에 포기하는 모습을 보이는 아이들도 있었다.

- 평가 문제 선택의 이유 : 문제를 더 많이 못 맞출 것 같아서. 아는

문제이니까 쉽게 풀 수 있을 것 같다.

Ⅱ **똑똑하다는 칭찬은 아이를 망친다**

① 결과중심 칭찬과 과정중심 칭찬

– 결과중심 칭찬 : 너는 참 똑똑하구나, 너는 머리가 좋구나.

– 과정중심 칭찬 : 지난번보다 10점이나 올랐구나. 노력하여 이루어
내는 모습이 대견하다.

② 노력을 했지만 결과가 좋지 못할 경우에는 어떻게 할까?

– 네가 열심히 노력해서 참 좋구나. 하지만 네가 뭘 이해 못했는지 함
께 알아보면 어떨까?

– 저마다 배우는 방식은 다른 법이지. 네게 맞는 방식이 어떤 것인지
계속 찾아보자.

| 07

유대인 부모들에게서
배우는 육아법

어느 날 하늘나라에서 모세, 예수, 마르크스, 프로이드, 아인슈타인 유대인 다섯 명이 모여 토론을 했다. '인간의 행동을 규정하는 것은 무엇인가'라는 주제였다. 먼저 모세가 엄숙한 얼굴로 "인간을 인간이기에 하는 것은 이성"이라고 단언했다. 그러자 예수가 "그게 아니고 사랑"이라고 주장했다. 두 사람의 이야기를 듣던 마르크스가 손을 내저으며 "모든 것은 밥통, 즉 경제가 결정한다"고 말했다. 그때 프로이드가 끼어들며 "인간의 행동을 규정하는 본질은 성(性)"이라고 반박했다. 논쟁이 길어지자 조용히 앉아 있던 아인슈타인이 "모든 것은 상대적"이라는 말로 토론을 마무리 지었다.

유대인들 사이에서 우스갯소리로 전해지는 이야기 중 하나다. 이 이야기에는 세계를 만든 것이 유대인 자신들이라는 자부심이 내포되어 있다. 인류역사의 큰 인물들 중 유대인이 많은 것이 사실이다. 석유재벌 록펠러, 스타벅스의 창업자 하워드 슐츠, 마이크로소프트의 공동 창업자 스티브 발머, '퓰리처상'을 만든 조셉 퓰리처, 화가 샤갈과 모딜리아니와 피카소,『세일즈맨의 죽음』의 저자 아서 밀러, 희극배우 채플린, 영화감독 스티븐 스필버그와 우디 앨런 등 각계각층의 큰 인물에 유대인들이 많다. 이 유대인들은 약 100여 년 전 미국으로 이주한 가난한 노동자들이었다. 유대인은 세계인구의 0.2% 밖에 안 된다. 그러함에도 역대 노벨문학상 수상자의 22%, 아이비리그 학생의 23%, 미국 억만장자의 40%를 차지하고 있다. 이러한 유대인들의 성공비결은 무엇일까?

EBS다큐멘터리〈유대인의 가정〉을 본 적이 있다. 10명의 자녀를 둔 가정이었다. 아홉째인 딸 브라카는 세 살이다. 브라카는 영어를 쓰고 있었다. 영어를 쓰면서 히브리어도 익히고 있었다. 브라카에게 있어 히브리어를 익힌다는 것은 공부가 아니라 놀이였다. 브라카는 히브리어로 된 퍼즐을 맞춰 나갔다. 난해 해 보이는 22개의 퍼즐을 언니 오빠의 도움 없이 다 맞췄다. 퍼즐을 다 맞춘 브라카가 엄마에게 자랑스럽게 말했다. 엄마는 브라카가 혼자의 힘으로 다 맞춘 것을 칭찬했다. 경이롭다는 듯 그녀는 목소리에 기쁨을 실었다. 리포터가 세 살 브라카의 외국어 비결이 무엇인지 엄마에게 물었다. 아주 어린 아기일 때부터 가르친다는 것이다. 교육의 개념이 아니다. 노래를 불러준다고 했다. 아기가 모를 것이라 생각하지만 다 안다는 그녀의 설명이었다. 자연스럽게 익혀간다는 것이다. 그러한 이유로 언니, 오빠들 역시 영어, 히브리어, 이디쉬어(고대 히브리어) 등 3개 국어를 한다고 했다. 유대인들의 학교에는 성적표가 없다. 학교에서는 현재 과목의 진행 정도만을 알려준다. 성적표를 게시한다거나 오픈 하는 일은 절대 없다. 학생들끼리의 경쟁 없이 아이들은 자신의 진행정도를 보고 발전을 기한다는 설명이다. 그것은 가정에서도 마찬가지였다. 많은 형제가 있지만 형제간의 비교는 없었다.

우리나라의 교육열이 세계최고인 것은 익히 아는 사실이다. 우리나라는 초등학교 6년 과정을 거쳐 대학교 4년까지 총 16년 동안 영어를 공부한다. 대학교를 빼더라도 12년이다. 10년 이상을 영어공부를 했으면 누구나 자국어처럼 능통해야 한다. 현실은 그렇지 못하다. 영어를 교육 즉 '기계적인 교육'을 하기 때문이다. 브라카의 엄마처럼 그냥 놀이로 다가가면 거부가 없다. 자연스레 제2외국어를 할 수 있는 것이다. 나는 영어를 못한다. 내가 초등학교 6학년 겨울방학 때 처음 '알파벳'을 공부했다. 엄마 아버지는 살기 바빠서 교육에는 관심을 두지 못했다. 대신 이모의 성화가 있었다. 중학교 입학 전에 알파벳 정도는 알아야 한다는 것이다. 겨울방학 아침식사 후 알파벳을 외웠었다. 7~8개씩 외워 이모의 테스트를 받아야 했다. 중학교 입학 후 첫 영어시간. 첫 시간임에도 불구하고 영어 선생님은 알파벳 시험을 쳤다. 나는 이모가 '선견지명'이 있다고 생각했다. 역시 배운 사람은 다르다고 생각했다. 시험을 친 후 짝과 바꿔 채점을 하라고 선생님이 말씀하셨다. 나는 자신 있었다. 이모에게 고맙다는 생각까지 들었다.

채점결과 내 짝은 100점이었다. 내 시험지를 받아들었다. 24개 알파벳 중 하나에 빨간 작대기가 사정없이 그어져 있었다. 짝의 말이 'Q'의 꼬리가 이상하다는 것이다. 정말 어이가 없었다. 짝은 짝대로 나는 나대로 선생님에게 우겼다. 처음에 선생님은 내 편을 들어 주셨다. 꼬리가 이상하기는 하지만 맞는 것으로 해주라고 하셨다. '맞는데! 맞는 것으로 해주라니!' 나는 그것이 더 기분 나빴다. 나는 이모가 가르쳐 준대로 했을 뿐이다.

일단 선생님이 맞는 걸로 하라면 하면 되는 것이 아닌가? 짝은 끝까지 우겼다. 결국 선생님은 짝의 손을 들어줬다. 나중에 알고 보니 짝의 아버지가 학교 이사장이었다. 우린 사립학교였고 나의 아버지는 일반 회사원이었다. 선생님의 처사보다 매사 잘난 체 하는 짝이 정말 재수 없는 아이라는 생각을 했다. 지금도 기억한다. 그 이름 '김지민!'

이날부터 짝도 싫고 영어선생님도 싫었다. 당연히 영어가 좋을 일은 만무했다. 뮤지컬 〈사운드 오브 뮤직〉의 가정교사처럼 노래로 불러줬으면 좋았을 텐데…. 그럼 내가 영어를 잘 했을지도 모른다. 하긴 그건 알 수 없는 말이다.

TV 화면이 다음 장면으로 넘어가고 있었다. 엄마가 브라카 오빠의 숙제를 봐주고 있었다. 그 뒤로 브라카가 실내에서 비눗방울놀이를 하고 있었다. 그것을 아는지 모르는지 엄마는 아무런 반응도 하지 않았다. 미끄러운 비눗방울이 거실 바닥 이곳저곳에 유영하듯 떨어지고 있었다. 거실이 엉망이 되는 건 당연했다. 더군다나 자칫하면 미끄러워 넘어질 수도 있는 상황이었다.

브가카도 실내에서 비눗방울 놀이를 하면 안 된다는 것을 아는 눈치였다. 조금 있으니 밖에 나가서 하겠다고 엄마에게 말했다. 그때서야 엄마는 몸을 일으켜 브라카가 외투 입는 것을 도와줬다. 브라카는 비눗방울 통을 들고 밖으로 나가서 마음껏 비눗방울 놀이를 했다. 한 시간 가량 놀고 들어 온 브라카가 엄마에게 말했다. "엄마, 비눗방울이 우리가 만든 수영장에 들어갔어요. 비눗방울 두 개가 우리 집 계단에서 만났어요. 우리 집 강아지가 같이 놀았어요!" 밖은 영하를 밑도는 겨울이었다.

이번 역시 리포터가 브라카의 엄마에게 물었다. "왜 거실에서 비눗방울 놀이를 하지 말라고 처음부터 말씀하지 않으셨어요?" 그녀가 대답했다. "브라카도 실내에서 비눗방울 놀이를 하면 안 된다는 것쯤은 알고 있어요. 그러니 말하지 않아도 돼요. 그리고 저 비눗방울놀이는 어제 브라카가 생일선물로 받은 거예요. 말릴 수 없는 상황이죠."

브라카의 엄마를 보며 정말 내 자신이 많이 부끄러웠다. 예전의 내 모습이 떠올랐기 때문이다. 나는 강박증 같은 것이 있었다. 물건이 항상 제자리에 정리정돈 되어 있어야 했다. 화장품의 라벨이 똑같이 앞을 보고 있어야 했다. 어린 아이들에게 이를 강요하지는 않았다. 하지만 아들은 24시간 나의 이런 모습을 보고 자랐다.

첫째 희성이가 세 살 무렵이다. 어느 날 가족단위로 부산 해운대에 놀러 간 적이 있다. 우리는 도착하자마자 회를 맛있게 먹고 바다로 나갔다. 다른 집 아이들은 옷을 벗기기도 전에 모래사장으로 마구 기어갔다. 모래를 머리에 뿌리는 아이도 있었다. 우리 아이만 달랐다. 자석처럼 아빠에게 달라붙어 떨어지려 하지 않았다. 바닷물이 튀어도 기겁을 하고 울었다. 아빠의 손을 가져가 그것을 닦아 냈다. 모래사장에 발을 디디게 하는 것은 꿈도 꾸지 못했다. 나중에 여차여차해서 또래의 친구들과 어울리게 되서 결국 바다와 하나가 되어 놀기는 했다. 그때 나는 깨달았다. 내가 아이의 자율성을 망가뜨리고 있다는 것이라는 것을.

그 일이 있고 며칠이 지나서다. 나는 쌀을 한 바가지 뻥튀기 해왔다. 그것을 거실에 쫙 펼쳤다. 맘껏 가지고 놀게 했다. 처음에 아이는 아예 뻥튀기 쪽으로 가려 하지 않았다. 내가 먼저 뻥튀기 속에 파묻혔다. 그것을 주워 먹었다. 그러자 아이가 슬금슬금 걸어 왔다. 손가락으로 톡톡 건드리더니 마구 던지는 것이다. 뻥튀기는 눈꽃도 되었다가 꽃잎도 되었다가 아들의 머리로 입으로 내려앉았다.

유대인들의 성공 비밀은 지식교육과 인성교육의 균형 즉, '전인교육'에 있다. 유대인들은 전인교육을 일상생활의 규범으로 실천한다. '자녀교육은 신에 대한 의무'라는 종교적 열정을 더해서 가정에서의 교육을 철저히 한다. 유대인은 자녀를 '하나님의 선물'이라 생각한다. 하나님의 선물이므로 산하제한을 따로 하지 않고 그들에게 주어진 영혼을 훼손해서는 안 된다고 말한다.

유대인 육아법의 중심은 자녀에 대한 인내와 관심, 사랑과 존중에 있다. 아이 스스로의 선택을 믿고 기다려주는것이 아이를 독립된 인격체로 존중하는 근원이 되는 셈이다. 부모의 태도가 조금만 바뀌어도 아이의 행동은 크게 달라진다. 그것으로 기적이 시작되는 것이다.

유대인 부모들에게서 배우는 육아법

유대인들의 성공 비밀은 지식교육과 인성교육의 균형 즉, '전인교육'에 있다. 유대인들은 전인교육을 일상생활의 규범으로 실천한다. '자녀교육은 신에 대한 의무'라는 종교적 열정을 더해서 가정에서의 교육을 철저히 한다.

유대인은 자녀를 '하나님의 선물'이라 생각한다. 하나님의 선물이므로 산하제한을 따로 하지 않고 그들에게 주어진 영혼을 훼손해서는 안 된다고 말한다.

유대인 육아법의 키워드는 끊임없는 인내와 관심, 사랑과 존중이다. 아이 스스로의 선택을 믿고 기다리는 것이 내 아이를 존중하는 근원이 된다. 부모의 태도가 조금만 바뀌어도 아이의 행동은 크게 달라진다. 그것으로 기적이 시작되는 것이다.

유대인의 자녀교육
① 가정교육
- 거실에 TV 대신 책장을 놓는다.

- 밥상머리 교육을 빠뜨리지 않는다.

- 남편은 아내를 존중하고 배려하며, 부부가 서로 아끼고 사랑하는 모습을 보여준다.

- 지혜로운 사람이 최고의 부자임을 알려준다.

② 학습능력

- 아빠와 함께 베드타임 독서를 한다.

- 매일 아침밥상으로 두뇌를 깨워준다.

- 결과에 대한 칭찬보다 과정에 대한 격려를 해준다.

- 놀이를 통해 창의력의 핵심인 우뇌를 키워준다.

③ 인성교육

- 지식보다 지혜를 먼저 알려준다.

- 항상 감사하는 마음을 길러준다.

- 실패에 대해 격려해주고, 같은 실패를 반복하면 꾸짖는다.

- 함부로 약속하지 않고, 약속에 대해서는 반드시 지키게 한다.

북유럽 부모들에게서
배우는 스칸디 육아

세계에서 가장 행복한 나라는 어디일까? 국민행복지수 1위는 덴마크, 학업 성취도 1위는 핀란드, 양성 평등 1위는 노르웨이다. 스칸디나비아반도 즉 북유럽 국가들이 생활전반에 걸쳐 1,2위를 다투고 있다. 반면 우리나라 어린이 행복지수는 OECD국가 34개중 32위로 최하위권을 차지하고 있다. 그렇다면 이러한 북유럽국가 국민의 행복의 비밀은 무엇일까?

큰아들 희성이가 초등학교 1학년 때 일이다. 점심식사 후 친구들과 놀이터에서 놀겠다고 나갔다. 격자무늬 창살을 넘나드는 햇살이 무엇이든 정화시켜줄 것 같은 날이었다. 유독 그런 날이 있다. 따져보면 똑같은 날인데 마냥 다 예뻐 보이는 그런 날. 그날이 그랬다. 작은 아들이 거실 바닥에 쏟아 부은 레고 조각이 조약돌처럼 예뻐 보였다.

작은아들이 만들어 놓은 레고에 대해서 설명을 했다. 관객 역할은 내 몫이었다. 거실에 어지럽혀진 옷가지 등을 치우고 빨래를 했다. 해도 해도 표가 안 나는 것이 집안일이라고 했던가. 그렇게 집안일을 하니 저녁 준비를 해야 했다. 모든 것이 그때부터였다. 나의 눈빛이 달라지기 시작했다.

희성이가 저녁시간이 다 되어도 들어오지 않고 있었다. '이놈 봐라. 엄마한태 얘기도 없이 늦어?' 벼르고 있었다. 그러다 한 시간이 지나도 아들이 오지 않자 화가 걱정으로 바뀌었다. 설상가상 비마저 뿌리고 있었다. 아무리 생각해도 이렇게까지 늦을 아들이 아니었다. 비가 오면 '엄마 ~ 비 온다!'며 비인지 땀인지 모를 물기를 머금은 채 그 물기만큼의 미소를 띠며 달려올 아이였다.

걱정에 걱정이 더해 갔다. 더 이상 집에서 기다릴 수 없었다. 아이에게는 아직 핸드폰이 없던 때였다. 어린동생 민수에게 형 찾아 올 테니 잠시만 있으라고 부탁했다. 어리지만 민수도 걱정되는 눈치였다. 나는 방마다 불을 켰다. 안 보는 TV도 켜고 라디오도 틀었다. 막 현관을 나서려던 그때였다. 전화벨이 울렸다.

"희성이 어머니 되시나요?"

"네, 그런데요?"

"아, 경찰입니다."

"네? 경찰이요?"

내용인즉, 이랬다. 친구와 놀다가 비가 왔다. 서둘러 집으로 오려던 차 조그만 강아지가 비를 맞으며 떨고 있는 것이 보였다. 더군다나 강아지는 목줄을 한 상태로 나무에 묶어 있었다. 처음엔 주인이 있는 강아지로 생각했다. 그렇지만 걱정이 돼서 발이 떨어지지 않았다. 30분 가량을 지켜봤지만 강아지를 데리러 오는 사람은 없었다. 같이 놀던 친구 중 두 명이 집에 갔다. 아들을 포함 세 명의 친구들이 머리를 조아렸다.

누군가 집으로 데려가 따뜻하게 씻겼으면 좋으련만 모두들 엄마가 허락을 하지 않을 것 같았다. 곰곰이 생각하던 희성이가 의견을 제시했다. "우리 경찰에 전화하자!" 주위를 둘러보고 한 어른에게 전화기를 빌려 112로 신고를 했다. 112밖에 생각이 나지 않더라는 얘기다. "경찰아저씨 강아지를 아무도 데리러 오지 않아요." 잠시 후 출동한 경찰에게 인계를 했고 아이들을 칭찬하기 위해 학교와 학년, 반을 물었다고 했다.

경찰의 통화내용은 다음과 같다. 희성이가 유기견 신고를 했는데, 사실상 유기견보호센터로의 인계는 힘들다는 것이다. 나날이 늘어나는 유기견으로 수용이 다 이루어지지 못한다고 했다. 그러한 이유로 대개 안락사를 시켜야 한다고 했다. 희성이에게는 주인 찾아 준다고 했으니 자세한 내막은 함구하자는 내용이었다.

슈퍼맨같이 가슴을 펴고 희성이가 말했다. 늦어서 엄마한테 혼날 것을 아는데 그냥 올 수 없었다고. 강아지가 떨고 있어 너무 추워보였다고. 그래서 자신의 옷을 걷어 올려 가슴에 품었다고 했다. 옷을 버려서 미안하다고 말했다. 아들의 앞자락을 쳐다봤다. 가슴은 물론 배 아래까지 흰색 티셔츠가 흙물로 얼룩져 있었다. 아들 희성이의 머리에서 빗물방울이 보석처럼 반짝이며 똑똑 떨어지고 있었다.

희성이는 올해 스무 살의 어엿한 청년이 됐다. 아직은 불확실한 미래에 대한 불안과 두려움이 많을 것이다. 나는 노파심이란 포장으로 걱정 어린 말들을 한다. 하지만 아들을 믿는다. 아들은 자신이 무엇이든지 해낼 수 있다는 것을 스스로 잘 알고 있다. 자신에 대한 긍정이 항상 자리하고 있다. 생명의 소중함을 알고 타인을 배려한다. 따뜻한 마음의 소유자이다. 그런 아들이 나는 자랑스럽다.

스칸디 육아법의 7가지 원칙
첫째, 회복 탄력성이 높은 아이로 키워라 – 회복탄력성은 곧 마음근육이다. 아이가 커갈수록 회복탄력성은 더욱 중요하다. 힘든 상황들이 더 많아지기 때문이다. 회복탄력성이 높은 아이는 자존감 또한 높다. 모든 일을 긍정적으로 받아들인다. 처음 시도하는 일에도 과감하게 도전한다. 창의적이다.

둘째, 고성이나 체벌은 절대 안 된다 – 북유럽 부모들은 절대 아이의 실수에 고성이나 체벌로 대처하지 않는다. 고성이나 체벌은 소심한 아이로 자라게 한다. 체벌을 하는 과정에서 부모가 이성적이지 못하고 감성적으로 대처하기 마련이다. 이는 아이와의 소통을 그르치고 장벽을 만들게 된다. 스칸디 육아의 핵심은 아이와의 소통과 공감이 우선이다. 공감받는 아이는 스스로 잘못을 뉘우친다.

셋째, 아이에게 자연을 느끼고 배우게 한다 – 북유럽은 신체적 · 정신적으로 건강해지도록 전인교육에 중점을 두고 있다. 이에 기계적인 교육보다 자연을 통한 경험을 중시한다. 자연친화적인 아이로 키움으로써 상상력과 창의력이 풍부해진다. 아이의 잠재력을 발견하고 아이의 가능성을 키울 수 있다.

넷째, 블록 장남감을 사준다 – 블록 장남감을 가지고 놀면서 공간지각능력과 수학적 사고능력이 향상 된다. 자유자재로 블록을 쌓고 부수는 과정에서 창의력과 사고력이 높아진다. 손과 눈의 협응력에 도움이 되는 것은 당연하다.

다섯째, 공공장소에서의 예절을 가르친다 - 절대 공공장소에서 타인에게 피해를 주는 행위를 해서는 안 된다고 가르친다. 타인을 배려하는 마음을 어려서부터 배우게 된다.

여섯째, 잠들기 전 아빠의 목소리를 들려준다 - '라떼 파파'라는 말이 있듯 북유럽에서 아빠들의 육아는 당연하다. 특히, 아빠와 함께 하는 베드타임 독서는 아이들의 지적 호기심을 자극한다. 상상력과 창의력을 길러주는데 효과적이다. 아빠는 베드타임 독서로 하루를 반성하고 아이와의 유대감을 형성한다. 낮 시간보다 주의력이 떨어지므로 15~30분, 3~5권 정도의 책이 적당하다. 어려운 책은 숙면에 방해가 되므로 아이 스스로 책을 고르도록 한다.

일곱째, 성(性)교육은 유치원에서부터 시작한다 - 우리나라는 '성(性)'에 대해서 폐쇄적이다. 숨기려하고 부끄러운 것이라 생각한다. 어렸을 때 성교육이 제대로 이루어지지 못하면 성인이 되어 그릇된 성 인식을 갖게 한다. 어려서부터 하는 성교육으로 성은 아름다운 것이며 성은 존중되어야 함을 알게 한다. 부모의 태도가 중요하다. 성에 대한 아이의 질문에 성실히 답한다. 아이가 자위행위를 하는 경우도 있다. '유아자위'라고 한다. 자극이 재미있거나 애정결핍에 의한 것이다. 부모가 당황하지 말고 성기는 소중한 부위라는 것을 알려줘야 한다. 본인의 허락 없이는 부모도 만지면 안 되는 것이라고 가르쳐야 한다. '성적 자기 결정권'이다.

북유럽 국민들의 행복은 '스칸디 육아법'에 있었다. 스칸디 육아법은 신체적·정서적 교감을 우선에 둔다. 아이의 개성을 존중하고 타인을 배려하는 사람으로 기르는 교육 태도인 것이다. 여기에 아이의 속도를 기다려주고 자연과 함께함을 강조하고 있다.

스칸디 육아의 키워드가 '아빠(daddy)'인만큼 아빠의 육아는 당연했다. 또한 끊임없는 대화로 아이의 의견을 묻고 '왜?'라는 질문을 하도록 독려한다. 아이에게 선택권을 주며 성취감을 맛봄으로 회복탄력성을 높이는 것이다. 부모의 희생 없이도 아이가 잘 성장할 것이라고 믿고 행복으로 이어지는 것이었다.

헬리콥터맘, 타이거맘처럼 아직까지 엄격히 자녀 관리를 하는 부모들이 많다. 아이들이 원하는 것이 무엇인지, 그 아이들이 행복할 수 있는 미래가 무엇인지 생각하자. 인생의 팩트는 학벌이 아닌 '행복'이다. 아이의 행복을 위해서 부모의 행복을 위해서 스칸디 육아법을 실천하길 바란다.

북유럽 부모들에게서 배우는 스칸디 육아

스칸디 육아법은 신체적·정서적 교감을 우선에 둔다. 아이의 개성을 존중하고 타인을 배려하는 사람으로 가르친다. 여기에 아이의 속도를 기다려주고 자연과 함께함을 강조하고 있다. 끊임없는 대화로 아이의 의견을 묻고 '왜?'라는 질문을 하도록 독려한다. 아이에게 선택권을 주며 성취감을 맛봄으로 회복탄력성을 높인다. 스칸디 육아의 키워드는 '아빠(daddy)'이다.

스칸디 육아의 7가지 원칙

첫째, 회복 탄력성이 높은 아이로 키워라

둘째, 고성이나 체벌은 절대 안 된다

셋째, 아이에게 자연을 느끼고 배우게 한다

넷째, 블록 장난감을 사준다

다섯째, 공공장소에서의 예절을 가르친다

여섯째, 잠들기 전 아빠의 목소리를 들려준다

일곱째, 성(性)교육은 유치원에서부터 시작한다

4장

화내지 않고 짜증내지 않는 엄마가 되는 8가지 방법

| 01

좋은 엄마 솔루션 ①
감정 확인하기

"진짜 왜 그래요? 나한테! 죽어라고 참고 있는데…. 누가 내 편 들어주면 막, 막…. 내 편 들어주지 마요. 칭찬도 해주지 마요. 왜 자꾸 이쁘대요? 왜 자꾸 나한테 자랑이래? 나는 그런 말들이 다 처음이라, 마음이 울렁울렁, 막 울렁울렁…."

"내가 매일매일 매년 안 까먹게 당신이 얼마나 훌륭한지 말해 줄께유!"

평소 TV를 잘 보지 않는 나였다. 특히 드라마는 더 그랬다. 대부분이 연애사이고 막장드라마라는 생각에서였다. 하지만 만약 내 눈을 사로잡는 드라마가 있다면 그것은 바로 '대사' 때문일 것이다. 극중에 배우들이 쏟아내는 말들. 그것이 날이 선 독설이든 잠시 폈다 지는 벚꽃이든 내 귀에 박히는 대사들이 있다.

드라마 '동백꽃 필 무렵'이 그랬다. 거실을 오가던 나를 멈추게 했다. 남녀의 로맨스는 관심 없다. 장면마다 나오는 대사들이 로맨스와 무관하게 내 가슴에 박혔다. 극중 '동백(공효진 분)'은 어려서 엄마에게 버려진 고아다. 성인이 되어서는 남자에게 버려진 미혼모였다. 홀로 아들을 키우며 식당을 운영하고 있었다. 낮에는 밥을 팔고 저녁에는 술을 파는 곳이다. 동네사람들은 이방인이 미혼모라고 술렁거렸다. 더군다나 애까지 있는 여자가 술집을 한다며 멸시했다. 동백은 이미 익숙하다. 어려서부터 친구들이 고아라고 무시하고 놀렸던 터다. 그런 이유로 자존감이 매우 낮았다. 화면에는 두 사람이 마주 보고 있었다. 나는 여배우밖에 안 보였다. 여배우의 미모 때문이 아니다. 여배우가 나의 말을 대신해주고 있었다. 눈물이 났다. 서러웠다. 목구멍이 뻐근해오는 통증이 느껴졌다. 식구들이 있었기에 베란다로 나갔다. 꺽꺽 기어 나오는 서러움을 삼켰다. 나도 그랬다. 참고 있었다. 죽어라고 참고 있었다.

고등학교 2학년 때 아버지는 나에게 비밀 하나를 만들자고 하셨다. 아버지는 엄마를 위한 선물을 사기 위해 통장관리를 딸인 내게 맡기셨다. 이듬해 엄마생신 때 팔찌를 하나 선물해 드렸다. 웬 것이냐고 묻는 엄마에게 대답대신 아버지는 나를 보고 윙크를 하셨다. 그리고 속삭이듯 말씀하셨다. '내년엔 목걸이로 하자.'

이듬해 아버지는 약속을 지키지 못하셨다. 갑자기 우리 곁을 떠났기 때문이다. 하나밖에 없는 딸인 내게 많은 숙제를 남겨준 채. '다녀올게'라고 출근인사를 하시고는 그 약속도 지키지 않고 돌아오시지 않았다. 교통사고였다.

나를 돌아보면 참 열심히 살았다싶다. 학창시절에는 주경야독으로 학비와 용돈을 충당했다. 결혼 후 시어머니께 나름의 지극정성을 쏟았다. 시어머니가 돌아가시고 오롯이 우리 가족만의 시간을 갖는가 싶었다. 그것도 잠시 덜컥 아들의 발병. 아들의 발병 후 오빠의 알코올중독과 이혼. 어느 것 하나 나를 필요로 하지 않는 것이 없었다.

지난번에 같이 일하는 직원과 집안 얘기를 할 때다. 직장생활 처음에는 사적인 얘기는 안 했던 나였다. 오랜 세월 같이 근무를 하다 보니 나의 숨소리만으로도 기분상태를 알아내는 직원이다. 언제인가부터 집안 대소사를 같이 얘기하게 되었다. 언니가 없는 나에게는 언니 같은 존재였다.

"박쌤처럼 오빠가 챙겨주는 사람 너무 부러워. 오빠가 좀 그래야 되는 거 아냐? 우리 남편이 못하면 불러다 야단도 치고…. 집안 대소사도 좀 알아서하고…. 나는 그냥 시키는 대로 하는 철없는 동생이고 싶어."
"김쌤, 너무 안고만 있으려 하지 마. 좀 내려놓고 힘든 것도 얘기하고.

너무 완벽하려 하지 말고."

직장임에도 불구하고 서러움에 또 눈물이 났다. 나는 가끔 그런 생각을 한다. '꼿꼿하게 서 있으려 하지 말자.', '마음껏 아주 마음껏 푹 주저앉아 울고 싶다.', '가슴 밑바닥까지 다 토해내고 싶다.' 한번 제대로 망가져 보고 싶을 때도 있다. 그러다 이내 마음을 접는다. 나를 보고 있는 이들이 너무 많기 때문이다. 내가 짊어져야 할 일들이 너무 많기 때문이다. 그리하여 나는 오늘도 긴장의 끈을 놓지 않는다. 내 안에 있는 감정을 나 자신에게조차 들키면 안 된다. 묻어두고 또 묻어두었다.

한 사람의 인성은 일곱 살이면 다 완성이 된다고 한다. 일곱 살. 나의 일곱 살 전후는 이모 집에 살고 있을 때다. 나는 어려서부터 얘기할 상대가 없었다. 누구하나 나의 마음을, 나의 감정을 물어 주는 사람이 없었다. 사실 그때는 먹고살기에도 빠듯한 때였다. 이해한다. 대신 책이 있었다. 부자인 이모 집에는 책이 많았다. 어릴 때 나는 내성적이었다. 그런 성격에 책을 읽으며 혼자 상상하는 것을 좋아했다. 나의 상상 안에서는 불가능이란 없었다.

'한 집에 사춘기 아이와 갱년기 엄마가 공존하면 그 집안은 전쟁터다.'라는 우스갯소리가 있다. 더군다나 그 집안에서 아빠는 숨 쉴 생각조차 하면 안 된다고 덧붙여 말한다.

스스로 갱년기라고 생각해본 적은 없다. 폐경 진단에도 웃었던 나였다. 폐경에는 갱년기가 패키지로 따라 온다. 아직 일어나지 않을 일이지만 나는 예방접종을 했다. 예방접종은 복싱이었다. 체육관에서 나는 언제나 즐거웠다. 스트레스 여하에 따라 샌드백 치는 주먹에 힘이 달라졌다. 재밌었다. 운동을 하고 나면 기분도 마음도 상쾌했다. 그러함에도 나는 불현듯 찾아오는 외로움이란 녀석에는 적수가 안 됐다. 우리 집 남자들은 나를 몰랐다. 알려고 하지도 않았다. 내 발아래 무릎을 꿇어도 부족하지 않다던 남편이었다. 그런 남편은 어머니가 돌아가시고 해가 거듭될수록 나에 대한 칭찬도 격려도 없었다.

직장맘으로 육아, 가사까지 한다는 것이 결코 쉬운 것만은 아니다. 대부분의 직장맘이 그러하듯 약속 또한 자유롭지 못하다. 어쩌다 약속을 하면 늦기 일쑤였다. 30분 내지 1시간의 틈을 두고 아이들 저녁준비 후 외출을 하기 때문이다. 아이들 먹거리가 준비되지 않거나 아이들 스케줄이 겹치면 약속조차 못했다. 반면 그런 것들부터 자유로운 것이 남자들이다.

작은 아들이 지독한 중2병에 걸려 앓고 있을 때 나 역시 만신창이었다. 누구 하나 마음을 나눌 사람이 없었다. 친정엄마에게도 욱하는 남편에게도 말할 수 없는 노릇이다. 친구? 친구에게 부끄럽게 어떻게 말할 수 있단 말인가? 누워서 침 뱉기다.

밖에서 받는 칭찬과 인정은 남편에게 상대적으로 적용이 됐다. 남편에게서 나는 무엇 하나 잘 하는 것이 없는 존재였다. 친인척들의 칭찬도 이 사람은 당연하게 생각하는 것 같았다. 아이들 역시 마찬가지이다. 엄마인 내가 뭘 물으면 '몰라'로 일관한다. 말 붙이기 겁이 나서 눈치를 보게 된다. 어느 늦은 밤 주방 조명등만 켜놓은 채 식탁에 우두커니 앉아 있었다. 반대쪽 거실 닫혀 있는 유리문에 내 모습이 비쳤다. 순간 왈칵 눈물이 쏟아졌다. 한 편의 마임을 보는 듯했다. 한 사람의 배우가 소리 없는 외침을 하고 있었다. 벽을 타고 몸부림을 치고 있었다. 아무도 봐주는 이가 없었다.

중년에게 찾아오는 갱년기를 다른 표현으로 '상실감'이라고 한다. 심리학자 '에릭슨'은 중년기에 경험해야 하는 가장 중요한 요소로 '생산감'을 꼽았다. 중년남성이 가족들을 먹여 살릴 수 있는 생산력을 발휘하고 있다는 느낌이 없으면 공허함 즉, 좌절을 경험하게 된다. 가장인 중년남성에게만 국한된 것은 아니다. 여성도 마찬가지다.

좌절은 수치심으로 이어진다. 수치심은 벌거벗은 모양을 하고 있다. 죄책감마저 든다. 죄책감에 '내가 하면 안 되는 것을 한 것일까?', '해야 될 것을 안했나?'라는 생각을 들게 한다. 이러한 생각은 급기야 '나는 아무것도 아닌 사람'이 된다. 이것이 중년기 우울증이다.

인정욕구, 자기 존경의 욕구가 충족되어야 자아실현이 된다. 이것이 충족되어야 생산감을 경험할 수 있다. 그렇다면 수치심과 죄책감은 왜 생기는 것일까? 바로 나에게서 없는 것을 찾으려고 하기 때문이다. 이것을 극복하려면 나에게 있는 것을 찾아야 한다. 그냥 머리로 생각하면 안 된다. 잊어버리고 생각이 안 난다. 적어야 된다.

첫째, 내 이름부터 적어라. 둘째, 내가 잘 한 것을 적어라. 잘한 것이 없다면 과거에 해낸 것, 이룬 것을 적어라. 아주 사소한 것이라도 좋다. 아이를 낳아 학교를 보냈다. 그 아이를 잘 키워 졸업을 시켰다. 나를 위해 옷을 샀다. 아무것이라도 좋다. 셋째, '나는 괜찮은 사람이다.'라고 외쳐라. 처음에는 어색할 수 있다. 하지만 반복하면 익숙해진다. 넷째, 나를 다른 사람과 비교해보기. 비교가 나쁜 것만은 아니다. 비교할 때는 나보다 못한 사람과 비교해야 한다. 그래야 내가 나은 사람임을 안다. 다섯째, 다른 사람에게 가서 물어보라. 한 가지라도 내가 잘한 것을 말해주는 사람이 있다.

중년에 힘들고 우울증이 오는 것은 나의 에너지를 다 주었기 때문이다. 나에게 투자하자. 24시간 중 1시간도 좋다. 30분도 좋다. 내 인생은 나의 것이다. 오롯이 나와 마주하는 시간을 가짐으로써 나에 대한 최고의 선물이 된다.

좋은 엄마 솔루션 ① 감정 확인하기

중년에게 찾아오는 갱년기를 다른 표현으로 '상실감'이라고 한다. 심리학자 '에릭슨'은 중년기에 경험해야 하는 가장 중요한 요소로 '생산감'을 꼽았다. 생산력을 발휘하고 있다는 느낌이 없으면 공허함 즉, 좌절을 경험하게 된다.

좌절은 수치심과 죄책감을 낳는다. '내가 하면 안 되는 것을 한 것일까?', '해야 될 것을 안했나?'라는 생각이 들면서 결국 '나는 아무것도 아닌 사람'이 된다. 이것이 중년기 우울증이다. 인정욕구, 자기 존경의 욕구가 충족되어야 자아실현이 된다. 이것이 충족되어야 생산감을 경험하고 상실감에서 벗어날 수 있다.

나의 에너지를 가족들에게 쏟아붓지 말고 나 자신을 위한 시간을 가지자. 오롯이 나를 위한 시간을 가짐으로써 나에 대한 최고의 선물이 된다

좋은 엄마 솔루션 ②
화를 다스리기 위해 스스로에게 질문하기

토요일의 병·의원은 더 바쁘다. 주5일제 근무 때문에 직장인들이 토요일에 병원 진료를 보러 오기 때문이다. 더군다나 병·의원은 토요일은 오전 진료를 한다. 따라서 약국도 토요일 오전은 눈코 뜰 새 없이 바쁘다. 우리 약국 같은 경우는 세 명의 직원이 근무를 한다. 자동화 기계 두 대가 돌아가지만 일반 손님까지 응대하려면 최소한 세 명의 직원이 필요하다.

일반적으로 약국에서는 처방되는 약만 주고 달라는 약만 주고 계산하면 끝이라고 생각한다. 안타깝게도 그건 오산이다. 아무래도 사람을 상대하는 직업이다 보니 여러 부류의 사람들이 존재한다. 특히, 우리 약국의 경우는 어르신들이 많다. 문전 병원이 외과위주의 진료를 하기 때문이다. 모두 그런 것은 아니지만 어르신들은 소통이 잘 안 된다.

'노인복지학'에서는 노화의 과정 중 하나로 사고가 '자기중심적'으로 바뀌는 것을 꼽는다. 젊은 시절 호탕한 성품의 소유자라도 나이가 들어감에 따라 자기중심의 편협한 생각을 한다. 점점 포용력이 없어지고 고집도 세지는 이유다. '어른들이 우기는 데는 장사가 없다.'라는 말도 있지 않은가? 그날따라 그런 환자들이 많았다. 환자들에 치이다보니 어느덧 퇴근시간이었다. 주말이었다. 날씨도 좋았다. 직장에서 집까지는 도보로 30분 정도의 거리다. 봄 햇살을 맞고 걸으면 기분도 나아질 것 같은 생각이 들었다. 한 10분 가량 걸었을까? 뒤꿈치의 통증이 왔다. 새로 산 구두를 신고 있었다. 아침에는 괜찮았었다. 원인은 하루 종일 서 있다 보니 발이 부어 있었던 것이다.

고민이 됐다. 걷기에는 발이 아프고 택시를 타기엔 기사아저씨한테 욕먹을 것 같은 거리였다. 그냥 걷기로 했다. 한쪽에서 시작한 통증이 양쪽에 똑같이 나뉘어 졌다. '나는 정말이지 한 번씩 왜 이렇게 미련한지 모르겠다.'라는 한심한 생각이 들었다. 집에 들어가자마자 온수로 발을 씻고 대(大)자로 눕고 싶었다. 현관문을 열고 집에 들어섰다. 아침 모습 그대로였다. 아니, 더 심해져 있었다. 싱크대에는 아이들이 아침식사를 한 흔적이 고스란히 남아 있었다. 거실은 거실대로 너저분했다. 그나마 남편이 걸레질을 하고 있었다. 조금 전에 시작한 눈치였다.

"희성아, 민수야 먹은 거 좀 치워놓으면 안 돼?"
"거실에 이거는 뭐니? 쓰레기통이 천 리 길이니? 만 리 길이니?"
"언제까지 엄마가 졸졸 따라 다녀야 해?"
"엄마가 이 집에 종이니?"

거실을 내리 쬐는 햇살보다 더 많은 잔소리가 쏟아졌다. 눈치를 보던 남편이 덩달아 화를 냈다.

"왜 그러는데? 왜 들어오자마자 버럭 거리는데? 힘들면 그냥 관둬!"
"누구는 한 푼이라도 벌겠다고 택시도 안 타고 걸어왔어. 이 발 보라구! 다 까졌잖아!"

화가 서러움으로 바뀌었다. 그렇다고 누구 하나 미안하다는 사람은 없다. 사실 미안하다고 해야 될 사항은 아니었다. 나는 신경질적으로 설거지를 했다. 세탁해야 할 빨래를 구분해서 세탁기에 넣고 세제를 팍팍 풀었다. 나의 불쾌함도 모조리 세탁되길 바랐다. 방으로 들어가 문을 닫았다. 외부와 차단하고 싶었다. 침대에 기대 누우니 피곤이 한꺼번에 몰려왔다. 기절하듯 잠이 들었다. 눈을 뜨니 천정이 나를 향해 질문을 던졌다. '경희야 기분이 어떠니? 오늘도 고생 많았지? 아무도 널 몰라주지?'

거실로 나와 보니 남편도 외출을 했는지 보이지 않았다. 아이들은 학원을 갔을 것이다. 거실이 깨끗하게 치워져 있었다. 아까 돌려놓은 빨래도 베란다에서 일광욕을 즐기고 있었다. 뉘엿뉘엿 넘어가는 해가 그림자를 그리고 있었다. 그림자가 다시 내게 물었다. '무엇 때문에 화가 났을까? 누구에게 화가 났던 거니? 자, 이제 어떻게 해야 할까?'

후회가 밀려 왔다. 화를 낸 것보다 화를 낸 방식에서 후회가 밀려 왔다. 남편에게 문자를 했다. '오늘 피곤했어. 미안해. 저녁에 맛있는 거 먹자.' 저녁에 남편과 이야기를 했다. 좀 부끄러워진 나는 괜한 투정을 부렸다. 이상한 환자들로 힘들었던 것, 구두가 내 발을 잡아먹으려 했던 것 등. 남편은 못된 신발 버리라고 했다. 남편 직장은 주5일 근무다. 그 날 이후 남편은 내가 퇴근하기 전 집안 청소를 해놓는다. 내가 오기 직전에야 겨우 해놓은 티가 날 때도 있다. 옷 정리가 안 되고 발밑에 차이지 않을 정도로 위로 쌓아 놓는 경우도 있다. 하지만 나는 그냥 못 본 척 한다. 주말이면 남편은 퇴근시간에 맞춰 나를 데리러 온다. 직원들이 그런 나를 부러운 눈으로 쳐다봤다. 나는 그 전 일은 함구한 채 남편 자랑을 했다.

발이 아프지 않았다면 그날 화를 냈을까? 유독 괴롭히는 환자가 적었다면 기분이 괜찮았을까? 분명한 건 내가 화난 건 가족들 때문이 아니라는 것이다. 집안이 어지럽혀져 있었던 건 사실이지만 남편이 청소를 하고 있지 않았던가? 내 기분이 괜찮았다면 아이들에게 막무가내로 윽박지르진 않았을 것이다. 가만히 생각해봤다. 나는 새 구두를 샀다. 직장에서의 스트레스가 있었지만 아마 새 구두를 유쾌하게 신었으면 그것으로 스트레스는 날아갔을 것이다. 헌데 구두가 발을 잡아먹고 있었고, 뒤꿈치가 홀랑 까졌다. 여자는 때때로 단순하다. 쇼핑을 하고 맛있는 것을 먹는 것만으로 기분전환이 된다. '새신을 신고 뛰어보자~ 폴짝'이 가능했다면 그날 토요일 오후가 달라졌을 것이다.

2012년 tvN 〈스타강사 쇼〉에 영화배우 '박신양' 씨가 출연해 강연한 적이 있다. 러시아 유학시절 그의 일화를 소개하며 동기부여하는 강연이었다. 박신양 씨는 유학당시 언어는 물론이고 경제적으로 굉장히 힘들었다고 한다.

어느 날 그는 존경하는 교수님을 찾아가 한 가지 질문을 했다. "교수님 저는 왜 이렇게 힘든 것일까요? 저는 왜 이렇게 힘든 것일까요?" 그 질문만 계속했다. 그를 지켜보시던 교수님이 대답 대신 한편의 시를 건넸다고 했다. 어떤 철학자가 쓴 시(詩)인데 그것을 공부해오라고 말씀하셨다. 숙소로 돌아와서 시를 공부하는데 거기에는 이렇게 쓰여 있었다. '당신은 인생이 왜 힘들지 않아야 된다고 생각하십니까?' 그런 말을 한 번도 들어본 적이 없다며 정말 깜짝 놀랐다는 박신양 씨다. 그는 강연에서 이렇게 말을 잇고 있다.

"당신의 인생이 왜 힘들지 않아야 된다고 생각하십니까? 언젠가부터 우리의 인생은 행복하고 힘들지 않아야 된다고 생각했던 것 같아요. 힘이 들면 그것이 우리의 인생이 아닌가요? 그런데 나는 잘 생각해보게 됐어요. 우리 인생을 돌아보면 힘이 들 때와 그렇지 않을 때로 나누어지는데, 그것은 거의 50:50인 것 같아요. 그리고 생각해보면 즐거울 때보다는 힘들 때가 조금 더 많은 것 같아요. 그렇기 때문에 그 힘든 시간들을 사랑하지 않는다면 나는 나의 인생을 사랑하지 않는다는 뜻이 돼요. 힘든 시간을 사랑할 줄 아는 법을 배운다면 되게 좋을 것 같아요. 좀 더 행복하고 나은 인생을 살게 될 것입니다. 왜냐하면 그 힘든 시간도 내 인생이며 그 힘든 시간 속에서 '나'라는 사람이 지금보다 더 나은 사람이 될 수 있기 때문입니다."

박신양 씨의 이야기를 접했을 때 뒤통수를 한 대 맞는 듯한 기분이었다. 나 또한 '인생이 힘들지 않아야 된다고 생각하십니까?'라는 질문을 받아 본 적이 없기 때문이다. 그렇다. 신조차 '너의 인생은 힘들지 않아야 된다.'라고 말하지 않았다. 그러함에도 매번 힘들다고 투정 부리고 있었던 것이다. 박신양 씨는 인생이 50:50으로 나뉘어져 힘들 때가 조금 더 많다고 했다. 나는 70:30인 것 같다. 70%가 힘겨움이고 30%가 즐거움이다. 그렇다고 70%에 좌절하고 절망할 수만은 없는 노릇이다. 박신양 씨의 말대로 그것 또한 내 인생이기 때문이다.

70%의 내 인생이 나에게 질문한다. 질문의 시작은 나를 위로하고 칭찬하는 것이다. 나의 내면을 들여다보고 나의 감정을 알기 위한 질문이다. 이러한 질문으로 힘들고 화가 난 상황이 왜 생겼는지, 그 상대가 누구인지를 객관적인 시각으로 볼 수 있게 된다.

감정은 에너지로 파장의 형태를 띠고 있다. 좋지 못한 나의 감정이 아이에게 고스란히 전달되는 것이다. 내 아이가 부정의 씨앗으로 부정의 열매를 맺기를 바라지는 않을 것이다. 부모인 나의 감정을 잘 다스려 행복할 때 아이 역시 행복한 인생을 설계할 수 있음을 기억해야 한다. 부정의 열매를 거두는 것을 원하지는 않을 것이다.

좋은 엄마 솔루션 ② 화를 다스리기 위해 스스로에게 질문하기

'인생이 힘들지 않아야 된다고 생각하십니까?' 나의 인생은 즐거움과 힘겨움이 함께 공존한다. 즐거운 순간도 힘겨운 순간도 모두 나의 인생이다. 힘겨운 시간을 끌어안지 않으면 나는 반쪽인생일 뿐이다. 나의 더 나은 인생을 위해서, 내 아이를 위해서라도 나의 화를 다스려보자. 나의 감정은 그대로 아이에게 전이된다.

화를 다스리는 방법

1. 화가 날 때 스스로에게 질문하기

 질문을 함으로써 좀 더 합리적일 수 있고 화가 가라앉게 된다.

 – 무엇 때문에 화가 나는가?

 – 누구에게 화가 나는가?

 – 화를 낸다고 상황이 달라질까?

 – 어떻게 대처해야 할까?

2. 몸을 이완시키고 근육의 긴장을 풀어보기

 – 심호흡을 10분 정도 해보자.

 – 가급적 편한 자세로 눈을 감아보자.

 – 1부터 30까지 세 번 숫자를 세어보자.

3. 거울을 보자

 - 잔뜩 찌푸린 얼굴을 보면 그것을 바꾸고자 하는 동기가 유발될 것이다. 지금의 상황을 바꾸려는 노력을 하자. 억지로라도 웃어보자. 깊게 패인 주름은 나의 관상이 된다.

4. 역지사지(易地思之)

 - 화를 나게 한 상대방과 입장을 바꿔서 생각해본다. 상대방이 왜 그런 행동을 했는지 생각해 봄으로 용서하게 된다.

5. 편지나 문자를 이용한다

 - 말로 직접 표현하다 보면 감정이 앞설 수 있다. 차분한 상태에서 편지를 써서 전달해보자. 상대도 나의 뜻을 이해할 수 있게 된다.

6. 평소에 고마움을 쪽지에 적어 두자

 - 평소에 가족이나 지인들에게 고마움이 들 때 쪽지를 써서 보관해 두자. 그들이 나를 화나게 했을 때 그것을 꺼내보면 화가 누그러질 것이다.

좋은 엄마 솔루션 ③
화가 났을 때 나오는 반응 점검하기

사람들이 화를 내면 자동적으로 나오는 반응이 있다. 상대방의 사소한 말 한마디에 얼굴을 붉히거나 운전 중 갑자기 앞차가 끼어들기라도 하면 나도 모르게 욕이 튀어나올 수도 있다. 또 물건을 던지는 사람도 있을 것이다. 당신은 화가 나면 어떤 반응을 보이는가?

나는 개인적으로 새 아파트를 별로 좋아하지 않는다. 굳이 투자의 개념이 아니라면 기존의 아파트를 사서 내 취향대로 리모델링하는 것을 더 선호한다. 일률적인 것을 좋아하지 않기 때문이다. 나는 특별하지는 않지만 지금의 집으로 이사 오면서 리모델링을 꽤나 신경 썼다. 그 때 최우선으로 삼은 기준이 가성비였다.

돈을 아끼기 위해서 시간을 투자해야 했다. 시간투자에 잠을 아꼈다. 늦은 밤 인터넷 조사를 하고 퇴근 후 발품을 팔았다. 벽지, 바닥재, 타일, 조명에 이르기까지 모두 내손을 거쳤다. 물류센터나 공장을 직접 찾아가기도 했다. 힘들다기보다 오히려 돈 쓰는 것이 재미있었다. 매일 저녁 공사 중인 지금의 집으로 갔다. 조금씩 형태를 갖춰가는 집을 보는 것이 행복했다.

내가 어릴 때 친정엄마는 아침저녁으로 집을 쓸고 닦아 광을 냈다. 거의 대부분을 빚으로 마련한 첫 보금자리였다. 내가 그랬다. 매일 닦았다. 육아에 직장까지 다녔지만 피곤한 줄 몰랐다. 당시 우리 아이들은 초등학생, 중학생이었다. 그 또래 사내아이들이 그렇듯이 이 녀석들이 뭔가를 자꾸 떨어뜨리는 것이다. 바닥재가 마루인 우리 집은 곳곳에 흠집이 나기 시작했다. 속상했다.

"애들아, 조심 좀 해! 핸드폰은 좀 놓고 다니고! 왜 쟁반을 돌리고 다니니? 또 라면 끓여먹는다고 냄비 꺼내면서 떨어뜨렸어?"

애들은 떨어뜨린 물건을 살피기보다 엄마아빠의 눈치를 먼저 살폈다. 남편은 나보다 더했다. 마룻바닥이 찍혀 있는 것을 보고 버럭 소리를 질렀다.

"핸드폰 가져와! 조심은 안하고! 왜 그렇게 칠칠 맞어?"

"애들이 그럴 수도 있지, 일부러 그러는 거 아니잖아."

"그럼 뭐? 아예 그냥 다 찍어놓지!"

"자기야, 마룻바닥이 애들보다 중요하지는 않잖아."

남편이 불같이 화를 냈다. 이사 오기 전 아파트에서는 층간소음으로 스트레스였다. 새 보금자리에서는 평안하기를 바랐다. "애들아 괜찮아. 바닥이 니들보다 더 소중하진 않아."라고 한 번 더 말해주었다. 남편도 더 이상 화를 내지 않았다. 신기한 것은 그 후로 아이들 스스로 더 조심한다는 것이다. 핸드폰을 들고 다녀도 주머니에 넣고 다녔다.

다음은 화가 날 때 보일 수 있는 반응들이다. 다음 경우를 예로 나의 반응은 어땠는지 점검해보기 바란다.

1. 벌 – 앞으로 용돈 없어!

내 뜻대로 안 되는 것이 자식이다. 정말 다른 일에 대해서는 내 생각대로 어찌할 수 있겠는데 자식만은 그것이 안 된다. 부모인 나의 입장에서 봤을 때는 가장 강력한 벌이 용돈삭감이었다. 그러나 그것은 가장 강력한 것이 아니라 가장 치사한 방법이었고 아이로부터 존경을 받을 수 없는 나에 대한 벌이었다.

"넌 어떻게 내 말은 하나도 안 듣지? 내가 부모가 맞긴 하니? 부모가 돈 버는 기계니? 계속 이런 식으로 하면 나도 부모노릇 안 해. 앞으로 용돈 없어!"

2. 협박 - 통금시간 정할 거야! 외출금지야!

아이들이 커 갈수록 학교에 머무는 시간이 길어진다. 학원까지 다녀오면 늦은 밤이다. 나는 학원을 마치고 귀가 시까지 한 시간이면 족하다고 생각했다. 이동시간 20분, 친구들과 간식을 사먹어도 한 시간이면 충분하지 않은가? 어두운 밤이므로 걱정되는 것은 당연했다.

"뭐 잘했다고 말대꾸야? 넌 아직 미성년자야. 나는 너의 보호자고. 너 이런 식으로 하면 통금시간 정할거야! 그래도 안 되면 외출금지야!"

나의 학창시절을 생각해봤다. 한 시간은 금방 지나갔다. 친구들과 하루 종일 같이 있다시피 했지만 친구들과의 이야깃거리는 마르지 않는 샘물이었다.

3. 캐묻기, 추궁하기 - 누구야? 어디서 뭐하다 왔니?

'출필곡반필면(出必告反必面)' 내가 유일하게 어른말씀에 동감하고 따르던 부분 중 하나다. 자식 된 도리의 기본이라 생각했기 때문이다. 이러한 나의 생각은 우리 아이들에게 마찬가지로 적용됐다. 아이들이 외출을 하게 되면 나는 습관처럼 물었다.

"어디 가? 누구 만나는데? 다른 친구는 없어? 걔네 집은 어디야? 몇 시에 들어 올건데?"

귀가한 아이에게 또다시 묻는다. 언제나 약속시간보다 늦었다.

"왜 이제 와? 어디서 뭐 했는데?"

아이와 멀어질 수밖에 없었다. 아이가 말문을 닫을 수밖에 없었다.

4. 원망하기 - 내가 너한테 어떻게 했는데? 나한테 어떻게 이럴 수 있니?

"네가 나한테 어떻게 이럴 수가 있니? 내가 뭘 안 해줬니? 먹는 걸 안 먹었니? 입는 걸 안 입혔니? 공부를 안 시켰니? 엄마 아빠 죽어라고 일해서 너희들한테 다 갖다 바쳤는데 결과가 이거니? 해도 해도 너무한다. 내가 뭘 그렇게 잘못했니?"

세상의 어떤 부모도 내 자식에게 사랑과 열정을 쏟아 붓지 않는 부모는 없을 것이다. 문제는 그 양상이다. 부모의 에너지를 오롯이 아이에게 쏟아 부어서는 안 된다. 그런 부모는 은연중에 나의 미래를 아이에게 기대는 부모가 된다. 이것은 중년의 상실로 다가온다.

5. 따지기 - 약속했잖아! 내 말이 틀려?

친정엄마의 생신날이었다. 토요일도 근무하는 나는 퇴근 후 준비해야 할 것이 많았다. 언제나 친정에 갈 때는 짐이 한 보따리였다. 생각이 머무는 것마다 엄마에게 챙기고 싶은 마음이다. 아이들에게는 6시에 출발하니 5시까지 들어와 씻으라고 말했다. 6시 10분 전에 아이들이 들어왔다.

"니들은 왜 전화를 안 받아? 엄마가 5시라고 했니? 안했니? 이렇게 쉰내 나게 그냥 갈 거야? 어제 약속까지 다 하고는 이제 차도 밀릴 시간인데…. 내말이 틀려?"

아이가 받아쳤다.

"엄마 마음대로 정한 거잖아! 약속 아니잖아!"

그렇다. 약속이 아니다. 내 맘대로 내가 정한 것이었다.

6. 비꼬기 - 자~알 한다. 난 이제 몰라. 니가 알아서 해!

앞서 말한 바 있지만 아들은 지각이 잦았다. 아들의 지각은 나에게 숙제였고 스트레스로 작용했다. 아들의 성향을 무시한 채 그 형태만 봤기 때문이다. 매일이 반복일 수밖에 없었다.

"민수야, 너 아직도 안 자니? 공부를 하는 것도 아니고 얼른 자! 맨날 아침에 일어나기 힘들어하고 지각하고. 자~알 한다. 난 이제 몰라. 니가 알아서 해!"

어차피 아들도 나도 안다. 낼 아침이면 엄마가 다시 소리치며 깨울 것을.

7. 겁주기 - 엄마, 아빠가 언제까지 옆에 있을 수는 없어

아이들을 열심히 키우다 보니 어느덧 내 나이 중년에 들어서 있다. 나이가 그렇다보니 주변에서 부고 소식이 심심찮게 들려온다. 친구의 돌연사를 접할 때도 있다. 갑자기 내가 죽는 것도 겁이 나는데 남겨질 가족이 먼저 걱정된다.

"엄마, 아빠가 언제까지 옆에 있을 수 없잖아. 사람은 누구나 죽잖아. 늙어서 죽을 수도 있고 갑자기 사고가 날 수도 있고…."

이 말을 들은 아이가 갑자기 자기 일을 척척 알아서 할까? 세상을 스스로 개척하는 사람이 될까? 아니다. 아이들은 죽음을 생각하지 않는다. 40대 이전의 나이에는 미래만 생각한다. 진로, 취업, 결혼 등 모두 미래를 향한 것들이다. 불혹의 나이에 들어서야 죽음이라는 것을 생각하게 된다.

아이들은 부모의 화를 보고 배운다. 화가 나면 소리를 지른다든가 물건을 던지는 등 그 행태를 배운다. 부모의 화를 본 아이는 화내는 부모가 두려워 순종적인 아이로 자란다. 그것은 아이가 살아남기 위한 하나의 방법이다. 그렇게 자란 아이는 누르고 있던 자기의 화를 그릇되게 표출한다. 폭력적인 아이가 된다.

부모는 감정을 가르치는 선생님이다. 아이는 부모가 화내는 방법, 모양 등을 배워 자기도 모르는 사이 어른이 되면 그것을 반복하게 된다. 화는 '대물림'이다. 화를 우리 아이들에게 함께 물려줄 유산에 포함시켜서는 안 된다.

좋은 엄마 솔루션 셋 ③ 화가 났을 때 나오는 반응 점검하기

부모를 포함해서 사람들이 화내는 이유는 내 안에 있는 욕구가 충족되지 못한 데서 비롯된다. 불가피한 경우 화를 낼 수도 있다. 그러나 화를 내는, 즉 충족되지 못한 욕구에 대해 표현하는 방법을 달리해야 한다. 감정적으로 표현할 것이 아니라 현재 나의 감정 상태를 알리고 조율해나가는 방식이 중요하다. 아이는 나의 화내는 방식을 은연 중에 학습하게 되고 이는 '화의 대물림' 현상을 낳게 된다.

레빈 박사가 '트라우마의 대물림을 끊으려면 어떻게 해야 할지에 대해 쓴 글이다.

"대물림을 끊으려면 한 개인이 자신에게 무슨 일이 일어났는지 정확히 알고 그 경험을 소화해내고, 자신의 것과 부모에게 속한 것을 구분하고, 그들에게 속한 것을 돌려주어 트라우마를 전달 받은 것을 멈추어야 한다." 또 그는 이렇게 말했다.

"트라우마는 지구 안의 지옥이지만, 해결된 트라우마는 신에게서 온 선물이다."

| 04

좋은 엄마 솔루션 ④
함부로 추측하지 않기

    늘어난 피아노줄 같은 오후, 핸드폰이 울렸다. 작년에 함께 공부했던 혜영이었다. 경기도에 사는 혜영이는 가끔 카톡이나 전화로 안부를 묻고 같이 공부했던 것을 공유하기도 한다. 서로 바빴던 터라 무척 오랜만의 통화였다.

    그 사이 혜영이는 더 큰 집으로 이사를 했고, 신랑의 사업도 확장했다고 했다. 항상 밝고 긍정적인 마인드의 소유자이다. 이런 이유로 나는 동생이지만 참 배울 것이 많은 친구라 생각한다. 여자들이 대체로 그러하듯 안부를 묻는 것이 사돈의 팔촌 이야기까지 한다. 소소한 안부인사가 아이들 이야기로 바뀌었다.

"애들도 건강하지? 모두들 별 일 없지?"

"어, 언니. 우리는 괜찮아. 언니도 별일 없지? 근데 언니, 며칠 전에 나 완전 놀랬잖아! 글쎄 언니 있잖아, 우리 둘째가…."

자매가 없는 혜영이는 주변에 대화할 상대 또한 많지 않았다. 이런 이유로 한번 통화하면 하고 싶은 얘기가 많았다. 그런 동생이 귀찮거나 싫지는 않다. 동생의 이야기는 이러했다. 둘째 아이가 아빠와 뭘 하다가 마음에 안 드는 일이 있었던 것 같다. 화가 난 둘째 아이는 아빠한테 "나쁜 놈!"이라고 했다는 것이다. 아직 다섯 살밖에 안 된 아이가 어떻게 그런 말을 할 수 있냐고 혜영이는 펄쩍 뛰었다. 고집이 세고 되바라진 구석이 있다고 흥분하고 있었다. 그냥 놔두면 어떻게 되겠냐는 것이 혜영이의 염려였다. 나는 조용히 혜영이에게 말했다.

"혜영아, 내가 어디서 봤는데 요즘 중학생들 말이야. 요즘 애들 단톡 많이 하잖아. 어떤 여중생을 둔 엄마가 우연찮게 딸의 단톡방을 보게 되었대. 근데 그 단톡방에 'XX년'이라는 욕이 난무하더라는 거야. 깜짝 놀란 엄마가 누굴 얘기하는 것이냐고 물었대. 혹시 한 아이를 왕따시키는 것은 아닌지 걱정했던 거지. 근데 그게 다들 자기 엄마를 지칭하는 말이었대!"

"헐~ 언니! 요즘 애들 정말 너무하는 거 아냐?"

"근데 혜영아, 진정하고 들어 봐. 근데 그게 엄마를 욕하는 것이 아니라 아이들 사이에서는 그냥 호칭일 뿐이래. 그렇게 얘기 안하면 단톡방에 낄 수도 없고 왕따가 될 수 있다는 거지. 그니까 뭐랄까 걔네들만의 하나의 문화라고 해야 되나? 그니까 둘째도 그냥 본인이 화났다는 표현일 뿐이야."

물론 혜영이의 아이가 아빠를 '나쁜 놈'이라고 표현하는 것은 잘못됐다. 표현이 나쁜 것이지 아이의 본질이 나쁜 것은 아니다. 먼저 아이가 화가 난 이유부터 물어봐줘야 한다. 어리지만 그것이 나쁜 말이라는 것쯤은 안다. 아이의 마음을 먼저 읽어주고 사용하지 말아야 되는 말이라고 타일러야 된다. 결코 혜영이에게서 혜영이가 염려하는 아이가 나올 수 없다는 것을 나는 안다.

사실 나도 예전에는 많이 그랬다. 에너지가 남아돌았던가? 미리 걱정하고 답을 내리곤 했다. 작은 아이가 중학교 때 한참 속을 썩인 적이 있다. 지금 생각하면 아들도 마음이 혼란스러운 때라 어디 마음 둘 곳이 없어서 그랬던 것 같다. 아들은 물건을 사고 얼마 되지 않아 중고시장이나 친구에게 팔아버리는 것을 반복을 했다. 아이패드와 같은 고가의 물건도 있었다. 자전거 튜닝이 유행하던 때라 자전거를 사서 부품을 바꾸거나 팔아서 다른 것을 샀다. 부모인 나에게 상의를 하거나 물어볼 때도 있었지만 거의 본인이 결정했다.

며칠 있어 물건이 보이지 않아 물어보면 팔았다고 했다. 거짓말을 하는 경우도 허다했다. 사용도 않고 물건을 팔아버리는 행동만 보고 내가 야단쳤기 때문이다. 그 당시 나는 그것으로 많이 힘들어했다. 경제관념이 없어 보였다. 이렇게 계속 커간다면 남의 말에 혹해서 사기를 당할 것이 분명했다. 나 역시 혜영이와 다를 바 없지 않은가? 함부로 추측하고 판단했다. 왜 아이가 그런 행동을 했는지 묻지 않았다. 어른들의 시선으로만 봤다. 아이의 생각을 꺾을 수 없을 때까지 가서야 이유를 물었다. 이미 지쳐있는 나의 시선으로. 아들은 나름 계산적이었다. 손실이 있을 수 있지만 본인에게 더 필요한 이유를 댔다. 그러한 행동이 아들에게는 소중한 경험이 됐다. 지금은 소유에 대한 생각이 바뀌었다. 나에게 요구하는 것이든 본인의 용돈으로 구입하는 것이든 아주 신중히 생각한다. 브랜드를 쫓는 경우도 없다. 실속을 따져가며 본인의 지갑사정을 곱씹어서 구매를 한다. 내가 염려했던 일은 일어나지 않은 것이다.

나는 아이가 집을 나설 때 항상 같은 인사를 한다. "학원 마치고 바로와. 어디 돌아다니지 말고." 아들이 "다녀오겠습니다."라며 나의 인사에 대한 답은 싹둑 자르고 본인의 인사를 하고 나선다.

학원시간이 끝난 지 30분이 지났다. 끝나고 떡볶이라도 사먹고 오면 이쯤 걸릴 수 있다. 그러다 1시간, 2시간이 지나도 아이가 안 온다. 전화도 안 받는다. 문자를 한다. 문자 역시 답이 없다. 걱정이 화로 바뀐다.

나는 뻐꾸기 마냥 자꾸만 시계를 쳐다본다.

시간이 늦어질수록 날개 돋친 나의 상상은 허공을 맴돌았다. '이상한 애들하고 몰려다니는 거 아냐?' '삼삼오오 몰려다니면 동네사람들이 다 나쁜 애들로 생각하는데', '이 동네사람들 내가 누군지 다 아는데' 지금 생각해보면 아이를 걱정한 건지 타인에게 보여질 나를 걱정한 것인지 참 한심스럽다.

아이가 들어오면 나의 '취조'가 시작된다. 어디 있었는지, 무엇을 했는지, 왜 연락을 안 받는지. 아들 역시 이 장면을 상상했을 터이고 결과는 상상을 빗나가지 않는다. 이러한 것이 반복되면 될수록 아들과의 거리는 멀어졌다. 감정의 골은 깊어지고 이제 내 머리는 자동적으로 반응하여 그것을 굳건히 믿어버리기까지 했다. 아이에게 나쁜 친구는 없다. 모두가 그냥 친구일 뿐이다. 어느 날 아들과의 대화에서 아들은 이렇게 말했다.

"엄마가 ○○이를 안 좋게 생각하는 것 아는데, 그 애는 나한테 좋은 친구야. 나를 많이 생각해주고 많이 걱정해 줘. 내가 모르는 내 모습, 내 생각까지 말해주더라. 그래서 내가 깨달은 점도 있어. 난 그 친구가 고마워."

아이의 말을 들으니 어릴 때의 내가 생각났다. 중·고등학교 때부터 경험을 중요하게 생각했던 나였다. 나에 대한 확고한 신념만 있으면 소위 '문제아'라는 친구도 상관없었다. 나쁜 친구의 나쁜 행동을 보면서 그러한 행동을 안 해야 된다는 것을 배우기 때문이다. 이런 나의 행동에 어른들은 어떻게 생각했을 것인가? 나와 같지 않았을까?

평소 내가 아들에게 많이 하는 말이 있다. 그것은 걱정이 많은 친정엄마에게도 마찬가지다. '사서 걱정하지 말라.'는 것이다. 나의 철칙이기도 하다. 지금 현재 상태만으로도 차고 넘치는 것이 생각이다. 앞으로 일어나지도 않을 일로 미리 걱정하고 힘들어하는 것은 에너지 낭비라고 생각한다. 설령 그것이 현실로 닥치더라도 그때 걱정하고 방안을 찾으면 된다.

호주의 전직 TV프로듀서 '론다 번(Rhonda Byrne)'은 그의 저서 『더 시크릿(the Secret)』에서 '당김의 법칙'을 말하고 있다. 저자는 "왜 전 세계 인구의 1% 밖에 안 되는 사람들이 전 세계 돈의 96%를 벌어들인다고 생각하는가?"라는 화두를 던진다. 그 답으로 "그 사람들의 마음을 지배한 생각은 '부'였고, '부'에 대한 생각이 그들에게 부를 끌어당긴 것"이라고 설명한다. 즉, 원하는 것을 생각하고 끌어당겨 그것을 이루어 낸다는 것이다.

긍정은 긍정을 부르고 부정은 부정을 부른다. 아이들에게 '나쁜 친구들과 어울리면 너도 똑같은 인생이 되는 거야', '경제관념 없이 그렇게 크다간 가난에서 벗어날 수 없어', '그런 정신 상태로는 아무것도 할 수 없어' 이런 식으로 말한다면 아이는 정말 그렇게 큰다. 아이들에게 그렇게 크라고 주문하는 것과 같다. 주문하면 주문할수록 아이 자신은 '아무 것'도 아니라고 생각한다.

부모는 절대로 함부로 추측하지 마라. 단정 짓지도 마라. 아이의 능력은 무한하다. 아이 안에 잠재된 능력을 깨워주는 것이 우리 부모의 역할이다. '너는 세상의 빛이다', '너는 해낼 수 있다'라고 말하자. 당신의 아이는 그것이 무엇이든 해낼 것이고 세상의 빛이 된다.

좋은 엄마 솔루션 ④ 함부로 추측하지 않기

론다 번(Rhonda Byrne)은 그의 저서 『더 시크릿(the Secret)』에서 '당김의 법칙'을 말하고 있다. 저자는 "왜 전 세계 인구의 1퍼센트밖에 안 되는 사람들이 전 세계 돈의 96퍼센트를 벌어들인다고 생각하는가?"라는 화두를 던진다. 그 답으로 "그 사람들의 마음을 지배한 생각은 '부'였고, '부'에 대한 생각이 그들에게 부를 끌어당긴 것"이라고 설명한다. 즉, 원하는 것을 생각하고 끌어당겨 그것을 이루어낸다는 것이다.

긍정은 긍정을 부르고 부정은 부정을 부른다. 아이들에게 '나쁜 친구들과 어울리면 너도 똑같은 인생이 되는 거야', '경제관념 없이 그렇게 크다간 가난에서 벗어날 수 없어', '그런 정신 상태로는 아무것도 할 수 없어' 이런 식으로 말한다면 아이는 정말 그렇게 큰다. 아이들에게 그렇게 크라고 주문하는 것과 같다. 주문하면 주문할수록 아이 자신은 '아무 것'도 아니라고 생각한다.

단언컨대 아이의 능력은 무한하다.
아이 안에 잠재된 능력을 깨워주는 것이 부모의 역할이다.

좋은 엄마 솔루션 ⑤
지난 일 'replay'해서 보기

자기중심적이고 시니컬한 TV 기상캐스터 '필 코너스'는 매년 2월 2일에 개최되는 성촉절(Groundhog Day: 경칩) 취재를 위해 리타(프로듀서), 래리(카메라 맨)와 함께 펜실베이니아의 펑추니아 마을로 간다.

이 마을에서 전통행사가 있기 때문이다. 그것은 다람쥐를 통해 봄이 오는지를 점치는 행사다. 설렘으로 상기된 마을주민과는 달리 필은 무성의한 취재를 한다. 그는 형식적인 취재를 끝내고 돌아가려하는데 폭설이 그를 가로막는다. 어쩔 수 없이 펑추니아로 되돌아와 하루를 묵게 된다.

다음 날 아침, 전자시계의 숫자가 정확하게 '06:00'으로 넘어감과 동시에 켜진 라디오. 눈을 뜬 필은 라디오 멘트가 어제와 같음을 알게 된다. 분명히 성촉절 취재를 마쳤다. 창문을 열어봤다. TV도 켜봤다. 성촉절 축제 준비로 분주한 어제의 모습이었다. 이를 보고 경악하는 필.

자신에게만 시간이 반복되는 마법에 걸린 필은 특유의 악동 기질을 발휘한다. 여자 유혹하기, 돈 가방 훔치기, 축제를 엉망으로 만들어 버리기. 어차피 자고 나면 모두가 그 자리 그대로이다. 그런데 반복은 희망을 잃게 하는 법, 절망한 필은 자살까지 기도한다. 그러나 다음날 아침 6시면 어김없이 똑같은 침대에서 잠이 깬다.

필은 어쩔 수 없이 상황을 받아들인다. 그는 프로듀서 리타에게 사랑의 감정을 느끼게 되고 그녀와 함께 위험에 처한 마을사람들을 도와준다. 예전과는 달리 점점 선량한 사람으로 변한다. 필의 이기심과 자만이 겨울이었던 것이다. 그가 인간적이고 사랑을 알게 되자 봄이 찾아 왔다. 마침내 리타의 사랑을 얻던 다음 날, 필이 그토록 원하던 '내일'이 찾아왔다.

영화 〈사랑의 블랙홀(Groundhog Day), (1993년, 빌 머레이, 앤디 맥도웰 주연)〉의 스토리다.

타임루프(time loop) 영화의 대표적인 영화라고 해도 과언이 아닐 것이다. 내가 이 영화를 좋아하는 것은 단순한 반복이 아니기 때문이다. 개인주의와 이기주의가 팽배해져 가는 사회에 이 영화에서는 '반복'이라는 시간을 선물하고 있다. 하루를 되돌려 보면서 스스로가 놓쳤던 부분, 미처 보지 못했던 것을 보게 된다. 이것을 느끼고 깨달아 가는 과정을 담아주고 있다. 선물된 '하루'를 잘 보냄으로써 진정한 '내일'이 선물되는 것이다.

누구나 한번쯤은 이런 생각을 해보았을 것이다. '과거로 돌아간다면 같은 실수를 하지 않을 것인데…', '그때로 다시 간다면 지금의 이 결과를 바꿔놓고 싶다', '내가 다시 학생이 된다면 정말 공부를 열심히 할 것이다' 과연 그럴까? 정말 과거로 돌아가면 지금의 내가 후회하지 않을까?

나는 주부 20년차이다. 한 분야에서 그 정도의 세월이면 베테랑 중에서도 베테랑이다. 주방을 휩쓰는 것만으로 음식이 뚝딱 마련되어야 한다. 아이들을 째려보는 것만으로도 이미 아이들은 하버드대에 가 있어야 한다. 현실은 그렇지 않다. 헤아릴 수 없을 만큼 된장찌개를 끓였다. 그런데도 그저께 또 양파를 빠트렸다. 식사를 다 하고 그 다음날에서야 전자레인지 안에서 잠자고 있는 접시를 발견했다. 똑같은 일로 똑같이 아이들에게 잔소리를 해댄다. 아이들 역시 바뀌지 않는 똑같은 모습이다. 지금까지 반복해도 바뀌지 않는다는 것은 그 방법이 아니라는 것이다. 그렇다면 다른 방법을 생각해봐야 한다.

한번 지나간 시간은 되돌릴 수 없다. 마법을 부릴 수 있다면 나는 이미 오래전에 돌아가신 아버지를 살릴 것이며 희성이의 몸속에 자리한 질병부터 없앨 것이다. 내 생명을 담보로 한다고 해도 나는 순간의 흔들림 없이 그것을 선택할 것이다. 그리하여 아버지를 희성이를 자유로운 영혼으로 살게 할 것이다.

아시다시피 이것은 불가능하다. 내게 가능한 것은 미래로 가보는 것이었다. 그것은 여러분들도 할 수 있다. 간단한 예를 들어 우리가 친구에게 문자를 한 통 보낸다고 생각하자. 문자를 보낸 후 1~2분 뒤 혹은 1~2시간 후의 미래로 가 본다고 가정했을 때, 문자를 받을 사람이 불쾌하지 않게 기뻐할 수 있는 내용으로 수정을 하는 것이다. 문자를 받은 사람이 어떻게 생각할 것인가를 미래에 가봄으로써 현실을 만들어 내는 것이다. 이것을 아이들과의 관계에서도 적용해볼 수 있다. 역시 짧게는 몇 분 뒤, 몇 시간 뒤부터 1년, 10년, 20년, 30년 후를 상상해 보는 것이다. 내가 설정한 시간이 흘렀을 때 아이의 반응을 상상해보는 것이다. 마음에 들지 않는 결과가 상상된다면 지금의 나를 수정해야 한다.

이것을 '예측지능'이라고 한다. 하버드대학의 벤필드 교수는 '성공과 행복의 가장 중요한 열쇠가 무엇일까?'에 대해 끊임없이 연구했다. '장기적인 전망(Longtime Perspective)'이라는 결론을 내렸다. '미래를 내다볼 줄 아는 능력'이 성공과 행복을 좌우한다는 것이다.

예측지능(Predictive Intelligence)

미래를 내다보는 능력. 예측지능을 높이는 데는 두 가지 과정이 있다. 첫째, 순행과정으로 현재의 선택이 미래로 어떻게 연결될지 예측해보는 것이다. 둘째, 역행과정으로 내가 원하는 미래의 상태를 상상해본 다음 그 상태에 도달하기 위해 지금부터 해야 할 일들을 찾아보는 것이다.

둘째아이의 겨울 방학식이 있는 날이었다. 학교에서 문자 한 통이 왔다. '학생 편으로 성적표가 발송되오니 많은 관심과 격려 부탁드립니다.' 나는 이런 문자를 받으면 며칠을 기다린다. 벼르고 있다가 성적표를 보면 야단치게 될 것이 분명하기 때문이다. 성적이 좋으면 빨리 보여줄 것이다. 대부분 내가 물어볼 때까지 아들도 말하지 않았다.

며칠이 지나고 아들이 성적표를 보여 줬다. 그것도 다른 얘기를 하다가 실수로 성적표 얘기가 나와서 보여준 것이다. 성적표는 역시 기대를 저버리지 않았다. 조금 나아지기는 했어도 여전히 바닥이었다.

"아들, 축하한다! 넌 아직 올라갈 계단이 다섯 계단이나 더 남았는걸! 하나씩 올라가는 재미도 있겠다!"

"헤헤헤~ 엄마! 일등 하는 애들은 뒤에서 쫓아올까봐 얼마나 힘들겠어? 그거 유지하려면."

"그니까! 일등하고 이등하고 막 경쟁하고. 그래서 안타깝게 뉴스에 나오는 애들도 있고."

"엄마, 다음 시험에는 더 열심히 해야겠어! 중3 때처럼 한번 해 볼래!"

마지막 대답을 듣기까지 십칠 년이 걸렸다. 과거 내가 아들의 성적표를 보았을 때 내 반응을 되돌려 보았다. 매번 화를 내고 야단치는 내 모습에 아들 또한 화를 냈다. 스스로 공부하겠다는 말을 들어본 적이 없다. 아이와의 갈등만 더 깊어졌었다.

'예측지능'을 접목시켰다. 아이가 성적표를 보여주기 며칠 동안 생각하고 연습한 것이다. 바로 하면 연기처럼 보일까 봐 스스로 최면도 걸었다. 그리고 아이의 반응을 상상했다. 성적표를 보는 날 연습 덕분일까? 자연스럽게 말이 흘러 나왔다. 결과는 내가 상상하는 이상이었다. 나는 마지막 아들의 말까지는 상상을 못했었다. 성공적이었다.

아마 스무 살 초반이었을 것이다. '판토마임(pantomime)'을 처음으로 보게 되었다. 대구 봉산동에 있는 조그만 소극장을 홀로 찾은 날이었다. 이것을 처음 접했을 때 문화적 충격은 지금도 잊을 수 없다. 온통 까만 무대 위, 배우가 혼자였다. 배우도 타이즈 같은 것을 입고 얼굴만 흰색을 띠고 있었다. 사이드에서 비춰주는 아주 작은 조명 덕분에 배우의 동작을 가늠할 수 있었다.

얼굴이 그래픽의 전부인 셈이다. 배우는 얼굴 표정을 자유자재로 움직였다. 별다른 효과음 없이 얼굴 표정만으로 그려내는 무대였다. 한 시간이 좀 안 되는 시간이었을 것이다. 그 시간 동안 배우는 얼굴로 희로애락(喜怒哀樂)을 말하고 있었다. 희로애락은 가족이었다. 부모와 자녀의 1인 3역을 해내는 배우가 나는 존경스럽기까지 했다. 다역(多役)을 해서가 아니라 대사도 효과음도 없이 세 사람의 감정을 잘 대변해주었기 때문이다.

나는 혼란스러울 때 상대방과 위치를 바꿔본다. 물론 쉽지는 않다. 감정이란 것이 아무래도 나를 중심으로 치우치기 때문이다. 앞서 말한 '예측지능'을 함께 접목시켰다. 내가 상대방이 되어서 미래로 가보는 것. 그리고 현재로 다시 돌아와서 생각한다. 정리가 안 되면 다시 반복한다. 〈사랑의 블랙홀〉에서 주인공 '필'이 반복을 거듭하며 내일을 선물 받았듯이.

무엇이든 처음은 힘들다. 연습과 반복을 거듭하다 보면 좋아진다. 지금도 완벽하지는 않지만 정말 예전보다는 화를 덜 내게 됐다. 아이와의 대화가 이루어진다. 먼저 다가온다. 지금 바로 상상해보자. 10년 뒤, 20년 뒤 나는 내 아이는 나를 어떤 부모로 생각할 것인지. 답이 보이지 않는가?

좋은 엄마 솔루션 ⑤ 지난 일 'replay'해서 보기

하버드대학의 벤필드 교수는 '성공과 행복의 가장 중요한 열쇠가 무엇일까?'에 대해 끊임없이 연구했다. '장기적인 전망(Longtime Perspective)'이라는 결론을 내렸다. '미래를 내다볼 줄 아는 능력'이 성공과 행복을 좌우한다는 것이다.

예측지능의 간단한 예를 들어 우리가 친구에게 문자를 한 통 보낸다고 생각하자. 문자를 보낸 후 1~2분 뒤 혹은 1~2시간 후의 미래를 가정해보자. 문자를 받을 사람이 기뻐할 수 있는 내용으로 수정을 하는 것이다. 문자를 받은 사람이 어떻게 생각할 것인가를 미래에 가봄으로써 현실을 만들어 내는 것이다.

이것을 아이들과의 관계에서도 적용해 볼 수 있다. 역시 짧게는 몇 분 뒤, 몇 시간 뒤부터 1년, 10년, 20년, 30년 뒤를 상상해보는 것이다. 내가 설정한 시간이 흘렀을 때 아이의 반응을 상상해보는 것이다. 마음에 들지 않는 결과가 상상된다면 지금의 나를 수정해야 한다.

| 06

좋은 엄마 솔루션 ⑥
스트레스 해소하기

벌써 일 년이 넘었다. 불편한 것을 제외하면 통증이 없었다. 문제는 그 불편하다는 것이었다. 불편함은 더 자주 찾아왔다. 자주 찾아온 이것은 생활을 흔들어 놓기 시작했다. 더 이상 무시할 수 없었다.

부정출혈이었다. 여자가 신으로부터 선물 받은 그것. 중학교 2학년 때 친구가 첫 생리를 하던 날, 온 교실을 뛰어다녔다. 아이를 가질 수 있는 몸이 됐다고 옆 반까지 달려가서 축하를 요구했었다. 남자 교생선생님이 당황해하시는 모습을 보고 자지러지게 웃었던 기억이 지금도 생생하나. 신의 축복인 그것이 부정확했다. 바쁘다는 핑계로 차일피일 미루다 어느 날, 병원을 찾았다. 내심 걱정이 됐다. 동시에 '이번에도 별일 아닐 거야.'

라는 생각을 했다. 나는 미리 걱정하는 일 따위는 없었다. 최소한 나에 대해서만은 그랬다. 대기시간은 짧았다. 의사선생님과 마주하여 그동안의 증상을 말씀 드렸다.

의사선생님은 '폐경'을 의심했다. 나는 "쉰도 안 된 나이에 폐경이라뇨?" 하고 의사선생님께 되물었다. 의사선생님은 피식 웃으며 답했다. 요즘은 30대에도 폐경이 있다는 말씀이다. 간단한 내진을 했다. 염증 소견이 나왔다. 늘 잠이 부족한 나는 피로가 쌓여 있었다. 피검사에 대한 결과는 이틀날 나온다고 했다. 염증에 대한 처방전을 들고 병원을 빠져나왔다.

결과가 나오는 이틀날까지 나는 '폐경'이라는 단어를 잊고 있었다. 나와는 상관없는 일이라 생각했기 때문이다. 근무 중 병원으로부터 전화가 왔다. 결과에 대한 통보였다. 그렇다. 그건 통보였다. 통보에는 '폐경'이라는 두 글자가 정확히 박혀 있었다. 나는 두 눈으로 확인해야 했다. 흔히들 폐경이라고 하면 여자의 인생이 끝났다고들 하지 않는가?

다시 마주한 의사선생님은 흔들림이 없었다. 나는 이유를 물었다. 정확한 이유는 없다고 했다. 구차하게 설명을 필요로 하지 않는 나였다. 다음 질문으로 넘어갔다. 그렇다면 앞으로 뭘 해야 하는지 물었다. 아직 호르몬제를 먹어야 되는 건 아니고 본인의 경우에는 호르몬제를 권하지는 않는다고 했다. 호르몬제 역시 나의 선택이라고 했다. 다음 질문이 있을리가 만무했다. 질문의 답은 이미 내게 있었다.

며칠을 고민했다. 이대로라면 갱년기가 올 것이 분명했다. 우울증은 패키지로 따라온다. 내 성격에 우울증은 배제시켜도 될 것 같았다. 함정은 우리 집에 사춘기 증상을 겪는 사람이 둘씩이나 있다는 사실이다. 사춘기 아들에 갱년기 엄마, 생각만 해도 끔찍했다. 방법을 모색해야 했다. 오진일 수도 있지만 대비해서 나쁠 것은 없다고 판단했다.

춤을 배울까? 노래를 배울까? 운동을 할까? 그것도 아니면 연애라도 할까? 나름 생각할 수 있는 몇 가지 대안을 나열해봤다. 나는 '운동'을 선택했다. 평소 아들이 저질체력이라고 놀렸다. 바닥난 체력도 보강하고 다이어트도 할 수 있다. 다이어트가 되면 자신감도 생기고 기분이 좋아진다. OK이다!

다음은 운동종목. 헬스는 지겹고 재미없어서 몇 번을 실패한 경험이 있다. 수영, 수영은 몇 년 동안 해본 경험이 있지만 그때와 상황이 달랐다. 이미 아이들이 중·고등학생이다. 아직은 아이들 시간에 중점을 맞춰야 되는 시기였다. 거기에 출·퇴근 시간을 고려하니 강습시간이 맞지 않았다.

'복싱'은 2년 전에 남편과 함께 운동하려고 체육관을 찾은 적이 있다. 잠깐의 상담 중 회원들이 운동을 하는 것을 봤다. 운동이 아니고 살인적인 행위라고 생각하고 나왔던 기억이 난다. 그러함에도 또다시 복싱장을 찾았다. 이번에는 나 혼자였다. 역시 회원들이 '살인적인 훈련'을 하고 있었다. 체육관 관장에게 체험의 기회를 달라고 했다. 관장은 2~3일 정도 운동을 해보고 결정하라고 했다. 체험 이틀째 되던 날 나는 3개월 치의 회비를 완납했다.

의외로 복싱은 재미있었다. 근육통도 즐거웠다. 무엇보다 몰입할 수 있어 좋았다. 직장과 집에서 받는 스트레스를 복싱으로 날려 버릴 수 있었다. 쉰을 바라보는 내게 복싱의 운동량은 만만치 않았다. 태릉선수촌에 있는 듯한 착각을 불러일으키기 충분했다.

몇 개월 후엔 스파링도 가능했다. 물론 남자회원들이 맞아주는 식이다. 평소에 씩씩한 나는 남자회원들과 어느 정도의 친분을 유지하고 있었다. 나를 상대해 주는 남자회원들이 늘 존재했다. 또 하나 체육관에는 우리 아이들 또래의 학생들이 많았다. 학생들에게 의도적으로 접근하여 10대들의 생각을 배웠다. 아들과의 갈등으로 고민이 있으면 상담을 의뢰하기도 했다. 친구의 엄마가 아닌 체육관 후배로서 나를 먼저 낮추고 다가갔다.

예전에 수영을 배울 때도 그랬다. 평소에 위가 안 좋은 나였다. 숨을 죽기 직전까지 참고 50m를 완주하면 속이 쓰렸다. 잠시 나와서 물을 마시고 또 다시 반복했다. 수영을 하는 동안에는 아무 생각이 안 들었다. 그저 물의 흐름을 느낄 뿐이다. 물의 흐름을 느끼고 물의 흐름을 만들어 빨리 가고자 하는 생각밖에 없었다. 출발점을 다시 터치하는 순간 희열이 선물된다. 내가 처음 수영을 시작할 때가 아들 희성이의 발병 때였다. 한 달의 입원 후 퇴원을 하니 디스크가 도졌다. 첫아이를 출산하고 허리가 안 좋았다. 여기에 입원기간 동안 간이침대를 이용하고 제대로 먹지 않은 탓이다. 희성이를 간호하며 모두가 잠든 밤에는 조그만 불빛아래 쪼그려 앉아 관련 서적을 뒤졌다. 내 몸보다는 희성이가 먼저였다.

어느 날 아침, 잠이 깬 나는 침대에서 일어날 수 없었다. 내가 움직일 수 있는 건 두 팔과 고개를 갸우뚱하는 정도가 전부였다. 일어나려고 하는 순간 남자 손가락 굵기 만한 쇠꼬챙이가 허리를 찌르는 것 같았다. 그 와중에도 생리적 현상은 찾아 왔다. 소변을 본 나는 옷을 추스릴 수 없었다. 남편이 옷을 올려줬다. 남편이지만 너무 수치스러웠다. 처음으로 인생이 절망스럽다는 생각을 했다.

남편이 식물인간과 다를 바 없는 나를 억지로 부축하여 병원을 찾았다. '악' 소리도 내지 못할 정도로 통증이 심했다. 통증보다 더한 것은 서러움이었다. 내 몸이 고철이 된 듯했다. 흐르는 눈물을 닦을 생각조차 못했다. 하지만 죽을 생각은 없었다. 그렇다면 이번 역시 방법을 모색해야 했다. 척추의 균형을 맞출 수 있다는 수영을 선택했다. 희성이를 등교시키고 수영장을 찾았다. 딱 죽지 않을 만큼 수영을 했다. 시작할 당시 12명이 정원인 우리 반에서 내가 발차기를 제일 못했다. 수영 실력도 체력도 몽땅 꼴찌였다. 두 달 뒤 중급반에서 중간 순위, 석 달 뒤 고급반부터 연수반 2년으로 수영을 그만 둘 때까지 나는 선두에 섰다. 그렇게 전투적인 수영이 끝나면 젖은 머리로 희성이 학교로 뛰어갔다. 2교시가 끝나기 전에 도착해야 했다. 식이요법이 필요했다. 직접 요리한 간식을 가져가 양호실 구석에서 먹였다.

희성이가 5학년 때 양호실 증축이 있었다. 널찍해진 양호실에 베드가 다섯 개나 되고 별도의 문이 달린 방이 하나 더 있었다. 그때 양호선생님이 기쁜 표정으로 말씀하셨다. "어머님 희성이가 따로 간식을 먹고 주사할 수 있는 공간이 있어서 너무 다행이에요! 그동안 적절한 공간이 없어서 마음 쓰였는데." 이런 선생님도 없으시다. 그랬다. 양호실 문이 열릴 때마다 희성이의 눈이 그 곳을 확인하고 있었다. 양호실 문이 열릴 때마다 내 목젖 깊숙이 생선가시가 하나씩 박혔다.

지나고 생각해보면 항상 어렵고 힘들 때였다. 가장 힘든 시기에 나는 무엇인가를 시작했다. 희성이의 발병에 디스크까지 도졌을 때 수영을 시작했다. 폐경진단을 받았을 때 복싱을 시작했다. 둘째 민수가 중학생 2학년 때, 이 아이를 지켜보는 것만으로도 힘들었다. 내가 힘든 것은 내 아이가 힘들어 하는 것 때문이었다. 그때 나는 사회복지사공부를 했고 전문학사 학위를 받았다. 아이가 대학교에 들어가고 경제적으로 불안해질 때 재테크를 위한 부동산 경매를 공부했으며 낙찰까지 받았다. 힘든 과정도 있었지만 분명한 것은 내가 놓지 않으면 그것은 내 것이 된다는 것이다. 나는 얼마 전 이 물건에 대해 임대차 계약을 성사시켰다. 드디어 '임대인'이 된 것이다.

앞서 중년의 우울증은 곧 '상실감'이라고 말했었다. 조용히 생각해보라. 이 '상실'이라는 것의 주체가 무엇인가? 바로 '나'로 인한 상실이다. 나를 온통 가족들에게 쏟아 붓고 기대하는 대서 오는 상실, 껍데기만 남은 내 모습에서 오는 상실이다. 역으로 생각하면 그 상실을 채워줄 수 있는 것 또한 '나 자신'이다. 나는 그렇게 채웠다. 내가 살기 위한 방법이었고 더 잘 살고자 하는 희망이고 용기였다.

'생각대로 살지 않으면 사는 대로 생각하게 된다.'라는 말이 있다. 프랑스의 소설가 '폴 부르제(Paul Bourget)'가 한 말이다. 불행과 절망에 종지부를 찍는 것은 그 누구도 아닌 나 자신이다. 그것에서 벗어날 수 있는 것도 나 자신이다. 절망에 묻히지 마라. 스트레스를 해소할 수 있는 나만의 방법을 찾아라. 카렌시아(나만의 공간, 시간, 안식처 등)를 찾는 것도 좋다. 다음은 앞으로 나아가는 것이다. 성취에 대한 만족감으로 행복해진다. 나의 인생을 나의 삶을 사랑하게 된다.

좋은 엄마 솔루션 ⑥ 스트레스 해소하기

앞서 중년의 우울증은 곧 '상실감'이라고 말했었다. 조용히 생각해보라. 이 '상실'이라는 것의 주체가 무엇인가? 바로 '나'로 인한 상실이다. 나를 온통 가족들에게 쏟아 붓고 기대하는 대서 오는 상실, 껍데기만 남은 내 모습에서 오는 상실이다. 역으로 생각하면 그 상실을 채워줄 수 있는 것 또한 '나 자신'이다.

프랑스의 소설가 폴 부르제(Paul Bourget)는 '생각대로 살지 않으면 사는 대로 생각하게 된다.'라고 말했다. 불행과 절망에 종지부를 찍는 것은 그 누구도 아닌 나 자신이다. 그것에서 벗어날 수 있는 것 또한 나 자신이다.

절망에 묻히지 마라. 스트레스를 해소할 수 있는 나만의 방법을 찾아라. 카렌시아(나만의 공간, 시간, 안식처 등)를 찾는 것도 좋다. 다음은 앞으로 나아가는 것이다. 성취에 대한 만족감으로 행복해진다. 나의 인생을 나의 삶을 사랑하게 된다.

07

좋은 엄마 솔루션 ⑦
좋은 엄마처럼 생각하고 행동하기

나는 젊은 시어머니와 같이 쇼핑도 하고 친구처럼 지내는 친구들이 부러웠다. 시어머님과 영화도 보러가고 음악회도 다닌다는 친구들의 말에 시샘을 한 적도 있다. 하지만 기역자로 꺾어진 허리의 우리 시어머님은 그들에게는 없는 순박한 아름다움이 있었다. 지금도 살짝 귀여우신 우리 시어머님이 사무치게 보고 싶은 이유다.

오래 전부터 전해 내려오는 '미운 시어머니 확실하게 죽이는 방법'이라는 이야기가 있다.

옛날 시어머니가 시집살이를 호되게 시켜 너무 힘든 며느리가 있었다.

며느리는 시어머니의 목소리를 듣는 것만으로도 가슴이 벌렁거렸다. 시어머님의 얼굴을 보면 속이 답답하고 거북했다. 시어머니가 죽지 않으면 자기가 죽을 것 같았다. 그런 생각에 어느 날 아주 용하다는 무당을 찾았다.

며느리의 끝없는 하소연을 듣던 무당은 시어머니를 죽일 묘책이 있다고 말했다. 며느리는 귀가 번쩍 뜨였다. 며느리가 다급하게 물었다. 그러자 다시 무당이 시어머니가 좋아하는 음식이 무엇이냐 물었다. '인절미'라고 며느리가 대답했다. 무당은 100일 동안 온갖 정성을 다해 인절미를 맛있게 만들라고 했다. 그 인절미를 시어머니에게 매일 드리라고 했다. 그러면 시어머니가 이름 모를 병에 걸려 시름시름 앓다가 죽을 것이라고 호언장담했다.

한줄기 희망을 본 며느리는 그날부터 인절미를 정성들여 만들기 시작했다. 그것을 시어머니에게 드렸다. 의아한 시어머니는 "이년이 죽을 때가 되었냐? 왜 안하던 짓을 하고 난리야?"라고 핀잔을 줬다. 며느리는 이를 아랑곳 하지 않았다. 매일 맛있는 인절미를 만들어 시어머니에게 드렸다.

평소 며느리가 못마땅한 건 시어머니도 마찬가지였다. 며느리가 예쁘지 않으니 괴롭히고 싶은 마음에 시집살이를 시킨 것이다. 그런 시어머니였지만 하루도 빠트리지 않고 맛있는 인절미를 해주는 며느리가 조금씩 달리 보이기 시작했다. 며느리를 대하는 얼굴도 달라졌다. 당연히 야단도 덜 치게 됐다.

두 달 정도가 지나자 하루도 거르지 않고 인절미를 해주는 며느리의 정성에 시어머니는 감동했다. 동네 사람들에게 며느리를 욕하는 대신 칭찬하기 시작했다. 석 달이 지나면서 며느리 역시 자신을 야단치기는커녕 웃는 얼굴로 대해주는 시어머니가 좋아졌다. 이러다가 정말 시어머니가 죽게 될까봐 겁이 났다. 시어머니를 죽이려했던 자신이 두려워지기까지 했다.

며느리는 있는 돈을 몽땅 들고 무당을 찾았다. "제가 생각을 잘못했어요. 제발 저희 시어머니 살릴 방도를 알려 주세요." 그러자 무당이 빙그레 웃으며 말했다. "미운 시어머니는 벌써 죽었지?"

사람은 상대가 사랑스러운 행동을 하거나 말을 할 때 사랑하게 된다. 만약 이보다 내가 먼저 사랑스러운 행동과 말을 한다면 어떨까? 상대방이 먼저 나를 사랑하게 될 것이다. 반대로 상대를 밉게 생각하면 한없이 미운 것만 보인다. 나의 표정에 이것이 나타나 상대도 나를 미운 사람으로 본다. 아이도 마찬가지다. 내 속으로 낳은 내 자식이지만 한없이 예쁠 수만은 없다. 더군다나 내가 지치고 힘들 때는 상대가 자식이라도 귀찮아지기도 한다. 그러나 조그만 나의 노력으로 부모자식간의 관계가 좋아질 수 있다. 평소 "고맙다", "사랑한다"라는 표현을 자주 하는 것이다. "고맙고 예쁜 것이 없는데 어떻게 할 수 있냐?"라고 반문하는 사람도 있을 것이다.

'as if 테크닉'이라는 것이 있다. 정신의학자 '아들러(A. Adler)'가 개발한 상담 기법이다. 아들러는 사람들의 심리적인 문제는 '사실(fact)'이 아닌 '허구(fiction)'에 의해서 더 많은 영향을 받는다고 했다. 이 때문에 열등하지 않은 사람도 자신이 부족하다고 생각한다. 또 우등한 사람은 더 큰 긍정의 결과를 낳기도 한다. 그러므로 열등감에서 벗어나고 긍정의 결과를 낳는 방법으로 마치 열등하지 않은 것처럼(as if) 생각하고 행동하라는 것이다. 사장이 되고 싶은 사람은 사장처럼 생각하고 좋은 엄마가 되고 싶다면 좋은 엄마처럼 생각하고 행동하는 것이다.

아이의 성적표를 받아들고 생각했다. 수학을 제외한 모든 과목에서 낙제한 아인슈타인의 어머니라면 어떻게 했을까? 아이가 친구들과 어울리고 밤늦은 시간에 들어올 때 생각했다. 마하트마 간디의 아버지라면 이럴 때 어떻게 할까? 아버지의 갑작스런 죽음, 믿었던 사람에 의한 파산까지 겪게 됐을 때 마더 테레사의 어머니는 어떻게 대처했나? 이런 생각들을 하며 습관처럼 굳어진 부정한 생각들을 멈췄다. 다음은 'as if 테크닉'을 적용했다. 아이가 바닥을 친 성적표를 받아왔을 때는 "야, 아들! 다행이다. 아직 올라갈 수 있는 계단이 다섯 계단이나 더 있는 걸!"이라고 말했다. 늦은 시간에 들어오는 아들에게는 "바람이 차던데 얼른 씻고, 우유라도 한잔 데워줄까?" 해결해야 되는 일이 산재한 나에게는 '한 번에 한 가지씩. 이 일은 나의 일이지 아이들이 일이 아니야. 이번에도 나는 할 수 있어.'라고 말하고 행동했다.

며칠 전부터 남편이 온 집을 헤집고 다녔다. 안방 장롱부터 옷 방의 옷장까지, 아이들 방의 장까지 이리저리 분주했다. 분명 내가 일어나 움직여줄 것을 기대하고 있었겠지만 나에게는 그럴 마음이 없었다. 지금 쓰고 있는 원고에 마음이 분주했다. 무엇보다 매번 말이 먼저 앞서는 것에 못마땅해 하던 나였다.

"아빠 조끼 못 봤나? 아빠 조끼가 사라졌어. 아빠 용돈의 반 이상을 투자한 것인데…."

남편은 가족 단톡방에까지 문자를 남겼다. 큰아이가 대학교를 다닌다고 자취생활을 하기에 함께 없어서였다. 아이들 역시 대답이 없었다. 나는 '사라졌다'는 말에 더 책상 앞을 지키고 있었다. 어려서부터 말의 중요성을 심각하게 생각하는 나였다. '사라졌다'라는 말은 누군가 가져갔다는 말의 의미다. 나라면 '안 보인다'라고 표현할 것이다. 이것은 찾지 못한다는 의미다. 나의 이런 것 때문에 평소에 남편이 피곤해하기는 한다. 어차피 없는 것은 없는 거니까.

그러다 바로 오늘이다. 내 책상은 책들로 산을 이루고 있다. 옆에 자리한 책장을 채우고도 책상 위에 몇 개의 탑이 있다. 원고를 쓰면서 참고하고자 갈무리를 해놓은 책들이 많기 때문이다. 노트북 옆에 쌓인 책 너머 다른 책을 집어 들려는 순간이었다. 나는 그만 커피를 엎지르고 말았다. 방금 전에 한 컵 가득 따라온 커피다. '악!'소리와 함께 내려다보니 책들이 커피를 꼴딱꼴딱 먹고 있었다. 황급히 작은아들을 불렀다. 나는 큰일은 잘 치르면서 소소한 일들은 남편이나 아들에게 부탁하는 버릇이 있다. "엄마, 어떡해? 아들 엄마. 엄마 봐줘!", "으이그~ 일을 친다. 일을 쳐." 작은아들이 걸레를 들고 와서 닦아주기 시작했다. 이미 커피는 몇 권의 책들과 책상보를 물들인 상태였다.

엎지른 커피를 수습하고 옷 방으로 갔다. 잘 빨아놓은 책상보가 그 곳에 있었다. 그러다 며칠째 남편이 조끼를 찾고 있던 것이 생각났다. 책상보를 꺼내다 말고 걸려 있는 옷들을 죄다 뒤졌다. 남편이 밖에서 벗어놓은 것이 아니라면 분명 집안에 있기 때문이다. 그리 오랜 시간이 걸리지 않았다, 조끼를 내 손에 넣은 것은. 다른 자켓과 겹쳐서 걸려 있었다.

나는 가족 단톡방에 사진을 올렸다. 당황한 남편이 '범인이 아빠가…?'라며 카톡을 보내왔다. 잠자코 있던 내가 '집에 들어올 생각마셔.'라고 카톡을 남겼다. 두 아들이 번갈아가며 카톡을 보내왔다. 떼굴떼굴 구르며 웃고 있는 캐릭터와 함께.

예전 같으면 남편의 경솔함에 잔뜩 화를 냈을 나였다. 그것에 또 화를 내는 남편과 부부싸움으로 이어졌을 수도 있다. 세월의 힘만은 아닐 것이다. 부정의 말이 나가려는 것을 참았다. '얼마나 속상할까?'라는 생각을 내 안에도 주문했다. 이것으로 마찰을 피할 수 있었고 결국엔 해프닝으로 끝을 맺었다.

며칠 전 아들에게 "엄마는 어떤 엄마야?"라고 물은 적이 있다. 서슴없이 "자상한 엄마"라고 대답한다. "용돈 필요하니?"라고 되받아쳤지만 기뻤다. 자상한 엄마여서가 아니라 아들이 그렇게 생각하는 것이 기뻤다. 서툰 솜씨지만 매일 인절미를 만드는 노력을 했다. 미운 시어머니가 아닌 안 좋은 엄마를 죽이기 위한 노력처럼 말이다.

아이들이 태어나서 '엄마' 다음으로 자주 하는 말이 '싫어'라고 한다. 발음상 이것을 소리내기 쉬운 이유도 있지만, 어른들이 무심코 하는 말들 중에 '싫어'라는 부정적 언어가 많기 때문이라고 한다. 아들러가 말하는 허구가 나쁜 의미가 아니라는 것은 알 것이다. 긍정의 내일을 칭찬하기 위한 주문이자 나의 최면이다. 따라서 이 책을 읽고 있는 당신은 이미 좋은 엄마이다.

좋은 엄마 솔루션 ⑦ 좋은 엄마처럼 생각하고 행동하기

'as if 테크닉'이라는 것이 있다. 정신의학자 아들러(A. Adler)가 개발한 상담 기법이다. 아들러는 사람들의 심리적인 문제는 사실(fact)이 아닌 허구(fiction)에 의해서 더 많은 영향을 받는다고 했다. 이 때문에 열등하지 않은 사람도 자신이 부족하다고 생각한다. 또 우등한 사람은 더 큰 긍정의 결과를 낳기도 한다. 그러므로 열등감에서 벗어나고 긍정의 결과를 낳는 방법으로 마치 열등하지 않은 것처럼(as if) 생각하고 행동하라는 것이다.

사장이 되고 싶은 사람은 사장처럼 생각하고 좋은 엄마가 되고 싶다면 좋은 엄마처럼 생각하고 행동하는 것이다.

08

좋은 엄마 솔루션 ⑧
내 아이를 위한 육아원칙 만들기

나는 아이를 잘 키운 엄마는 아니다. 내 아이의 마음조차 읽지 못하고 윽박지르고 화도 냈다. 그런 내가 시종일관 지켜온 원칙이 있다. 그것은 바로 '옆집 엄마를 조심해라.'이다. 나는 아이들이 어릴 때부터 지금까지 그것 하나만은 꼭 지켰다. 무엇보다 자신이 없었기 때문이다. 아무리 내 기준이 확실하다해도 주변 엄마들의 이야기를 들으면 흔들릴 것이 뻔했다.

첫째아이 때는 아예 학부모 모임에 나가지 않았다. 대개의 경우, 첫아이 때는 더 올인하기 쉽기 때문이다. 첫 아이이기 때문에 모든 것을 쏟아붓는다. 나 역시 그랬다. 좋다는 것이면 무엇이든 해주고 싶었고 해주었다. 물론 내가 세워놓은 기준 안에서였다. 누군가의 말을 듣고 기준 없이 흔들리지는 않았다.

둘째아이의 경우는 달랐다. 엄마로 그러니까 학부모로 너무 모르는가 싶어 학교에 나갔다. 어쩌다 보니 반대표까지 됐다. 듣기 좋으라고 하는 소리인지 모르나 엄마들이 내가 똑똑해 보인다는 이유로 나를 뽑았다. 무엇인가 나서서 잘 해줄 것 같다는 엄마들의 계산은 오산이었다. 최소한 나는 엄마들을 대신해서 선생님에게 잘 보이기 위한 몸부림을 할 생각이 없었다. 다행히 담임 선생님의 생각도 같았다. 첫째로 하지 말아야 할 사항으로 그것을 말씀하셨다.

첫 번째 반모임이 있는 날이었다. 초등학교 1학년을 입학시킨 새내기 엄마들이다. 불가피한 직장맘을 제외한 거의 모든 엄마들이 참석했다. 각자 자기소개부터 시작됐다. "○○엄마예요. 잘 부탁합니다.", "○○엄마입니다. 첫째 아이이구요." 나는 'STOP'를 외쳤다.

"왜 다들 ○○엄마라고 소개하세요? 자기 이름이 있잖아요. 안 그래도 내 이름 불릴 기회가 자꾸 없어지는 우린데…. 자기 이름으로 소개해주세요. 앞으로도 저는 엄마들의 이름을 부를 거예요. 아이들 이름과 엄마들 이름은 각자 알아서 매치시켜주세요~."

다소 강압적일 수 있으나 나는 확고했다. 반대표쯤이야 어차피 생각에도 없는 감투였다. 욕을 듣게 되도 상관없었다. 서로 조심하는 첫 자리인 만큼 엄마들은 나의 뜻을 따라 주었다. 각자의 소개가 끝났다. 역시 기대에 어긋나지 않게 엄마들은 정보를 캐기 시작했다. 누구 집 아이는 어떻고 담임선생님은 어떤 분이시고 우리 학교가 추구하는 것은 무엇이고 등 그런 것들이었다. 어느 자리에서나 눈에 띄고 싶어 하는 사람이 있다. 나는 다시 'STOP'를 외쳤다.

"한 가지 말씀드리겠는데 우리 담임 선생님은 절대 학교에 뭘 하는 걸 싫어하세요. 몇 번이나 신신당부하셨어요. 그리고 엄마들 사이에서 아이들 운운하는 일을 하지 말라고도 하셨어요. 그건 저도 동감이에요. 엄마의 기준으로 아이들끼리 순수하게 친해질 수 있는 기회를 빼앗지 말았으면 해요."

몇몇 당황해하는 엄마들이 보였다. '뭐 저런 여자가 다 있어?'라는 눈빛이었다. 이 역시 상관없었다. 최소한 내 아이가 타인의 색안경으로 포장되어지는 것은 용납할 수 없었다. 나의 대처는 '무시'였다. "아유~ 언니 멋져요!" 대구 인근에 있는 논공에서 전학 온 엄마였다. 시원시원한 성격에 어디에서나 잘 어울릴 수 있는 성격의 소유자였다.

운이 좋았던가? 아직 우리 동네가 아이들 키우기에 괜찮은 동네인가?

엄마들의 반발은 크지 않았다. 오히려 나를 반기고 있었다. 나는 계속해서 엄마들의 이름을 불러줬으며 그녀들은 좋아했다. 자연스레 타이거맘들은 떨어져 나갔다. 엄마와 아이들이 다함께 행복한 초등1학년이 되었다.

내가 열 달의 임신기간 중 늘 되뇌었던 말이 있다. '세상에 선한 사람이 되라', '항상 정의로운 사람이 되라', '자신을 믿는 사람이 되라', '세상 모든 이가 너를 우러를 것이다', '세상의 빛이 되라' 아이 손잡고 다니다 불쌍한 사람이 있으면 항상 도왔다. 함부로 쓰레기를 버리거나 교통법규를 어기는 법도 없었다. 그것은 도덕적인 규범이 아니었다. 나와의 약속이고 어른이 된 아이와의 무언의 약속이었다. 또한 나는 어려서부터 먹거리가 중요하다고 생각했다. MSG를 전혀 안 먹는 것은 불가능하다. 외식은 물론이고 커가면서 먹게 될 것을 미리 먹일 필요는 없다는 생각이었다. 유별나다는 소리를 많이 들었다. 시중의 과자를 첫째 아이가 기관을 다니기 시작하면서 먹었다. 그전까지는 고구마나 부침개, 과일 등 가정식으로 간식을 대체했었다.

그 우선이 단당류였다. 사탕, 초콜릿, 과자 등이다. 절대 정제당을 먹이지 않았다. 단 것을 많이 먹으면 치아가 부식되는 것은 당연하다. 하지만 그보다 중점을 두는 것은 성격이 날카로워진다는 것이다. 우리 아이들은 지금도 다른 아이들에 비해 단 것을 많이 좋아하지 않는다. 그러한 이유로 첫째아이 발병 당시, 학원에서 준 초콜릿 한 판을 다 먹은 것을 의심했던 것이다.

『슈거 블루스(Sugar Blues)』의 저자 '윌리엄 더프티'는 이렇게 말한다.

"한 나라를 망하게 하려면 폭탄대신 설탕을 주어라. 더 빨리 망할 것이다. 설탕은 저혈당을, 저혈당은 정신병을 가져오고, 정신병으로 가득 찬 나라는 망한 나라이다."

설탕 즉, 정제당이 안 좋은 것은 다 알 것이다. 단 것을 많이 먹는 아이는 영양불균형으로 성장에 지장이 생긴다. 성격도 나빠진다. 단 것을 주로 많이 먹는 아이는 잔병치례가 많고 화를 잘 낸다. 과다한 당분섭취는 알레르기를 일으키고 쉽게 아토피에 노출되기 쉽다. 무기질이 몸에 흡수되는 것을 방해하고 신경계를 교란시킨다. 무기질 가운데 칼슘이 부족하면 주의력이 떨어진다. 아연이 부족하면 성장 호르몬이 제대로 분비되지 않는다. 아이들의 편식으로 고민하는 엄마들이 많다. '우리 아이는 입이 짧아요.', '우리 아이는 씹는 것을 싫어해요.', '우리 아이는 밥만 먹이려 하면 입을 다물어요.' 이렇게들 호소한다. 하지만 나는 이런 엄마들의 손을 들어줄 수 없다. 전문가들 역시 단 것을 찾는 아이가 급증하는 원인을 엄마들에게 있다고 한다. 아이들의 입맛은 생후 4~5개월이면 결정된다. 이 시기에 엄마들이 바쁘다는 핑계 또는 편한 것을 찾으면서 아이들이 원하는 것을 주게 된다. 아이들은 부드럽고 단 것을 요구한다. 맛에 대한 신비로움을 체험하지 못하고 단것에 길들여지는 것이다. 오스트리아의 정신분석학자 '프로이드'는 인간의 성격이 다섯 살 이전에 형성된다고 한다. 일곱 살이면 거의 완성이 된다. 내가 아이의 어릴 때 입맛을 중요하게 생각한 이유다. 나는 아이가 모나지 않게 자라주길 바랐다. 첫째아이가 탄산음료를 마시기 시작한 것이 아마 중학교 3학년 전후일 것이다. 그것도 친구들과 어울리기 위해서였다. 올해 고등학교 2학년이 되는 둘째 역시 얼마 전부터다.

사실 나는 아이들을 키울 때 콜라를 많이 마셨다. 내가 콜라를 마시기 시작한 건 바보 같은 이유 때문이었다. 나는 어릴 때 머리가 노랗다 못해 뿌옇게 보였다. 거기다 너무 흰 피부를 가지고 있었다. 지금 나를 알고 있는 사람들은 의심하겠지만 아무튼 나의 어릴 때 모습은 그랬다. 나는 그런 모습이 너무 싫었다. '혼혈아'라는 소리를 많이 들었기 때문이다.

그것이 콜라의 시작이었다. 검은 피부가 로망이었다. 콜라를 먹으면 검은 피부가 될 줄 알았다. 열심히 먹었다. 그러다 중독이 됐다. 옛날에 편의점이 없을 때 밤 12시 되기 30분 전에 슈퍼에 뛰어가 콜라를 사왔다. 그것을 단번에 마시고 잤다. 정말 웃기지 않는가? 그렇게 시작한 콜라가 항상 냉장고에 들어 있었다. 그렇지만 아이들에게 콜라는 '엄마 것'이었다. 마치 어른들이 마시는 술처럼 아이들이 손을 대면 안 되는 것이라 생각했다.

내가 하고자하는 이야기는 습관이고 원칙이 중요하다는 것이다. 부모 각자마다의 육아원칙이 있을 것이다. 나처럼 옆집엄마를 조심할 수도 있을 것이며 먹거리를 중요하게 생각할 수 있다. 또 학습적인 면이나 건강에 대한 원칙도 있을 것이다. 무엇이든 상관없다.

부모 나름의 철학으로 원칙을 세우되 흔들림이 없어야 한다. 부모가 흔들리면 아이는 당연히 혼란스럽다. 흔들림 없는 원칙으로 아이를 존중할 때 건강하게 성장할 수 있다. 부모의 확신이 아이를 훌륭한 어른으로 자라게 하는 단단한 밑거름이 되는 것이다.

좋은 엄마 솔루션 ⑧ 내 아이를 위한 육아원칙을 만들기

부모 각자마다의 육아원칙이 있을 것이다. 옆집엄마를 조심할 수도 있을 것이며 먹거리를 중요하게 생각할 수 있다. 또 학습적인 면이나 건강에 대한 원칙도 있을 것이다.

부모 나름의 철학으로 원칙을 세우되 흔들림이 없어야 한다. 부모가 흔들리면 아이는 당연히 혼란스럽다. 흔들림 없는 원칙으로 아이를 존중할 때 건강하게 성장할 수 있다. 부모의 확신이 아이를 훌륭한 어른으로 자라게 하는 단단한 밑거름이 되는 것이다.

내 아이를 위한 6가지 육아원칙

1. 어느 정도의 아동발달과정을 숙지한다.

아이마다 성장 · 성향이 다르다. 옆집아이와 비교하지 마라. 걷지도 못하는 아이에게 뛰는 법을 가르치면 좌절감을 안겨줄 뿐이다. 내 아이의 발달에 맞는지 따져본다.

2. 일관성을 가져라

일관성은 성격 만들기에 있어서 중요하다. 부모가 일관성이 없으면 아이는 혼란스럽다. 이와 같은 결과는 부모의 불신을 낳는다. 육아에 원칙을 세우되 아이의 성장 및 환경에 따라 탄력적으로 적용할 수 있다.

3. 아이의 목소리에 귀를 기울이자

모든 아이들의 행동에는 이유가 있다. 야단치기 전에 아이의 마음부터 들여다보자. 경청은 아이를 배려하고 존중하는 첫 걸음이다. 경청을 잘함으로 아이와 공감할 수 있다. 자존감이 높은 아이로 자란다.

4. 규칙을 정할 때는 아이와 함께 정한다.

규칙이나 벌칙을 정할 때는 아이와 함께 정한다. 아이의 의견을 물어 규칙을 정해 놓으면 뿌듯한 마음에 더 잘하려고 노력한다.

5. 공공장소에서의 예절을 가르친다.

공공장소에서의 예절과 사회규칙을 가르침으로 타인에 대한 배려를 배운다. 사회적인 약속과 규칙은 어렸을 때부터 가르쳐 사회성을 길러준다.

6. 성적 자기 결정권을 가르친다.

아이가 자위행위를 하는 경우도 있다. '유아자위'라고 한다. 자극이 재미있거나 애정결핍에 의한 것이다. 부모가 당황하지 말고 성기는 소중한 부위라는 것을 알려줘야 한다. 본인의 허락 없이는 부모도 만지면 안 되는 것이라고 가르쳐야 한다. '성적 자기 결정권'이다.

5장 |

다른 사람이 아니라
내 아이에게 좋은 부모가 되라

| 01

지혜로운 부모는
아이와 싸우지 않는다

어느 날 갑자기 내 아이가 방문을 '쾅' 닫고 들어가 버린다면 어떤 기분일까? 엄마의 말에 대꾸도 않고 현관문을 박차고 나간다면 어떤 마음일까? 아이와의 실랑이가 시작될 것이다. 아니, 사실 실랑이라고 할 것도 없다. 일방적으로 완패할 것이 뻔하다. 사춘기 아이는 엄마와 대화를 원하지 않기 때문이다. 그저 아무 것도 안 하고 내버려두길 원한다.

약국에서 근무하는 나는 며칠씩 휴가를 낸다는 것이 사실상 쉽지 않다. 우리 약국은 세 사람으로 구성되어 있다. 한 사람이 빠지면 다른 직원에게 민폐 아닌 민폐가 된다. 이와 같은 이유로 우리 가족은 그 흔한 해외여행 한번 나가 본 적도 없다. 무엇보다 나는 친정엄마에게 미안했다. 아픈 손가락이 있는 친정엄마를 두고 여행을 할 수 없었다. 그 미안함은 아들에게 향했다.

나에게는 초등학교 동창인 창석이라는 친구가 있다. 일 년 중 반 이상을 해외에 나가 있는 친구다. 자영업을 하는 환경이 그것을 가능하게 했지만 워낙 여행을 좋아하는 친구였다. 본인은 물론 아이들에게 많은 것을 보고 느끼게 해주는 것을 최우선순위에 두는 친구다. 그런 친구가 선교활동의 일환으로 의료봉사 겸 여행을 나간다고 했다. 방콕으로 7박8일의 일정이었다. 현지에서 봉사하게 될 참가자는 의료진을 비롯해 각 대학 교수, 대학생, 일반인들이라고 했다. 둘째 민수보다 한 살 어린 창석이의 아들 재현이도 함께였다. 나는 창석이에게 민수를 데려가 달라고 부탁했다. 아무리 친해도 서로 불편할 수 있는 부탁이다. 하지만 창석이는 민수만 원하면 데려간다고 했다.

민수에게 조심스레 의향을 물었다. 중2병으로 한참 예민하고 까칠하던 때였다. 무엇보다 민수는 새로운 것에 도전하는 것을 즐기지 않는 성격이다. 그것도 처음 보는 아저씨와 며칠을 지내야한다는 것은 민수에게 꽤 귀찮은 제안일 것이다. 낯선 곳에서 낯선 사람들과 낯선 생활을 하는 것이다.

그러나 나의 예상은 기분 좋게 빗나갔다. 민수가 간다고 했다. 재차 확인했지만 대답은 같았다. 마음이 급해졌다. 여권을 만들고 필요한 물품을 구입했다. 창석이와 창석이의 아들 재현이, 민수는 일면식을 가졌다. 일정을 짜고 음식을 나눠 준비했다. 아들은 해외여행이 처음이었다. 다소 느린 성격에다 '중2'라는 것이 아들을 더욱 수동적이게 했다. 반면 재현이는 상당히 밝고 적극적이었다. 필리핀에서 유학도 1년을 하고 온 재현이는 외국어도 능통했다. 민수는 재현이가 이끄는 대로 그냥 따를 뿐이었다. 나는 속상하고 안타까운 마음이 들었다. 이번 기회가 민수에게 여러모로 좋은 계기가 되길 기대했다.

7박8일의 일정은 그리 길지 않았다. 아이가 하나 없으면 여유로울 줄 알았는데 그렇지도 않았다. 퇴근을 하고 오면 고등학교 2학년인 큰아이가 있었다. 여행하는 동안 친구는 수시로 소식을 주고 사진을 보내왔다. 보이스톡을 이용해 전화도 몇 번 왔었다. 엄마인 나를 위한 배려였다. 친구가 수시로 연락을 해와서만은 아닐 것이다. 민수가 따로 연락을 하는 경우는 없었다. 이럴 때는 딸 가진 부모가 부럽다.

여로 모로 신경 써주는 친구가 고마웠다. 그런 내게 친구는 오히려 자신을 믿고 맡겨줘서 고맙다고 했다. 그리고 조심스레 말을 더했다. 방콕에서의 민수는 말이 없고 생각이 많았다고 한다. 무엇 하나 요구하는 것이 없어 신경이 쓰였다고 했다. 학년이 올라가면 시간이 더 없을 민수에게 많은 것을 경험하게 하고 싶었던 것이다. 혹시 '여행이 즐겁지 않고 귀찮은가?'라는 생각도 들더라는 것이었다.

지난 가을이었다. 오랜만에 창석이와 통화를 했다. 안부 인사를 나눈 후 창석이가 말했다. 방콕 여행 시 민수가 왜 그랬는지 알겠다고. 지금 창석이의 아들 재현이에게 그 증상이 나타나고 있다고 했다. 재현이와 엄마 사이의 혈전에서 창석이는 매일이 살얼음판이라고 했다. 나는 두 눈 딱 감으라고 했다. 기다림이 답이다. 엄마도 많이 힘드니 아내의 마음을 잘 달래주라고 했다. 재현이는 지금 '중2'다.

사람들의 모든 행동에는 이유가 있다. 하물며 아이들의 행동이 왜 안 그럴까? 민수도 재현이도 이유가 있다. 엄마가 혼란스러운 만큼 아이도 혼란스럽다. 자기도 모르게 반항적인 행동을 하면서 마음에 안 드는 자신의 모습에 힘들어 한다. '나도 예전처럼 잘하고 싶다', '다시 잘 할 수 있을까?'라는 생각이 교차되면서 혼란스러워 한다. 반항이 아니다. 긍정적으로 발전해 나가기 위한 몸부림인 것이다.

한 리서치에서 사춘기 아이들을 대상으로 '부모님이 가장 고마울 때가 언제인지'를 조사했다. 결과는 의외였다. 당연히 사랑한다고 말할 때라 생각했는데 아니었다. 아이들이 원하는 옷을 사줄 때도 아니었다. 1위는 바로 엄마(부모님)의 사과였다. 부모님이 잘못을 인정하고 사과할 때 가장 고맙다고 느낀다는 것이다. 정말 생각지 못한 부분이었다.

아들에게도 물어봤다. 아들은 선뜻 대답을 못했다. 나는 "와~ 그렇게 고마울 때가 없었던 거야?"라고 농담을 했지만 조금 실망스럽기도 했다. 아들에게 실망스러운 것이 아니다. 나에 대한 실망이었다. 농담을 한 뒤 아들에게 1위를 말해줬다. 그랬더니 아들이 바로 '공감'이 된다고 했다. 아들도 그러한 경험이 있다는 뜻이다.

아들과 다툰 날은 하루 종일 기분이 안 좋았다. 단지 다퉈서 기분이 나쁜 것과는 다르다. 기분이 나쁘다기보다는 불편하다는 표현이 맞겠다. 그렇다. 불편했다. 아이에게 생채기를 낸 것에 나 자신이 마음에 안 드는 것이다. 아이와의 거리가 멀어질까 봐 두려운 불편함이다.

그런 날이면 아들에게 문자를 한다. 되도록이면 반나절을 안 넘긴다. '아들~ 아깐 엄마가 미안했어. 엄마가 좀 피곤했나 봐. 몸이 피곤해서 그랬던 것 같아. 생각해보니 아들이 그런 생각할 수도 있겠다싶어. 엄마도 더 이해하려고 노력할게. 미안해.'라고 문자를 보낸다. 학교수업이 끝나면 아들의 답장이 온다. 감성적인 민수는 장문의 문자를, 큰아들은 답이 없다. 처음에는 답이 없는 것이 섭섭했다. 이제는 그냥 '나쁜 자식'하고 쿨하게 핸드폰을 덮는다. 어차피 내 마음을 아들에게 전했으니 그것으로 충분했다.

아이를 변화시키고자 원한다면 엄마인 나부터 먼저 바뀌어야 한다. 엄마가 바뀌는 우선의 방법은 '기다림'과 '멈추기'다. 그동안 아이를 위한다는 명목으로 해왔던 잔소리를 멈춰라. 설명, 설득, 충고 이 모든 것은 잔소리였다. 수없이 했음에도 효과가 없지 않았던가! 그러니 멈추자. 엄마가 멈출 때 아이는 안정감을 느낀다. 부모가 자신을 믿어주고 인정한다는 생각을 갖게 된다.

엄마가 변하고 아이를 변화시키는 방법

– 멈추기 : 무수히 반복하였음에도 변화가 없다는 것은 잔소리에 지나지 않는다는 것이다. 공부해라, 숙제해라, 밥 먹어라, 씻어라, 일찍 자라 등 모든 것을 멈추자. 빠른 아이들은 일주일이 채 안되어 이러한 것을 스스로 한다고 한다.

– 아이와 함께 웃기 : 함께 웃는 것만으로 아이의 마음이 열린다. 아이가 좋아하는 연예인이나 TV프로그램을 얘기해도 좋고 음식을 함께 만들어 봐도 좋다. 소소한 일상에서 아이와 함께 웃을 수 있다.

– 아이 인정하기 : 아이를 인정하는 것은 표현이다. 감사함, 미안함, 사랑을 표현하라. 꽃을 들고 왔다가 전하지 않으면 그냥 서 있다가 간 것에 지나지 않는다. 아이는 부모의 표현으로 인정받는다고 느낀다.

– 긍정적인 면을 찾아 칭찬해줘라 : 단점을 보려고 하면 한없이 단점만 보인다. 아무리 못한 사람이라도 잘하는 것이 있다. 이것을 찾아 칭찬하자. 아이는 스스로 더 잘하려 한다. 어렵다면 종이에 적어보는 것을 권한다. 어느덧 한 페이지를 채우게 된다.

– 인지적 재미를 키워주자 : 심리적으로 새로운 것을 알아가고 배우는 데서 느끼는 재미를 말한다. 부모가 피곤한데도 불구하고 아이를 위해 여행을 갔다고 하자. 아이가 시큰둥한 반응을 보일 때가 있을 것이다. 시간과 돈을 투자한 부모의 기대와 별반 다를 것 없는 여행이라고 느낀 아이와의 사이에 갈등이 빚어진다. 특히, 사춘기의 아이들은 기존의 경험보다 새로운 것에 도전하는 데서 희열을 느낀다.

지혜로운 부모는 아이와 싸우지 않는다. 아이를 바꾸려고 하는 것이 아니라 부모 자신을 먼저 바꾸기 때문이다. 완벽한 부모가 되려고 하지 말자. 부모도, 부모 노릇이 처음이기에 저지를 수 있는 실수를 인정하고 사과하자. 고맙고 사랑한다고 표현하자.

혜민 스님이 말씀하시는 '멈추면, 비로소 보이는 것'은 지혜로운 부모의 자세라 하겠다. 아이가 마음의 안정을 느끼는 것은 부모로부터 인정받고 존중받는다고 느끼는 것에서 온다.

| 02

독박육아가 아닌
공동육아를 하라

아이를 낳은 후, 집은 나에게 창살 없는 감옥 같았다. 활동적이고 친구가 많던 나는 그랬다. 날이 좋으면 좋은 대로, 비가 오면 비가 오는 대로, 바람이 불면 바람이 부는 대로 눈처럼 밖으로 날고 또 날고 싶었다. 그러다 아이를 쳐다보면 또 좋았다. 말랑하고 부드러운 피부가 정말 내가 낳은 내 새끼인가 마냥 신기했다.

아이는 인형이 아니다. 울기도 하고 먹여야 하고 재우기도 해야 한다. 무엇하나 내 뜻대로 되는 것이 없었다. 한꺼번에 많은 양을 먹고 푹 자면 좋으련만 조금씩 먹고 자꾸 혀로 밀어 냈다. 모유나 분유 둘 다 마찬가지였다. 이유식을 하면서 먹는 양도 많은데 자꾸만 먹으려 했다. 유별난 성격에 매일 만들어 먹었다.

문제는 잠이었다. 잠을 잘 수 없었다. 무슨 이유에서인지 큰아이는 그렇게 울어댔다. 낮잠은 물론 밤에도 푹 자는 경우가 없었다. 10~20분이면 깨서 울어댔다. 실내에서 유모차를 썼지만 오래 앉아 있지 않았다. 재우기 위해서 업어서도 안 되었다. 꼭 팔로 안아서 흔들어 줘야 했다. 너무 지쳐서 내려놓을 때는 하늘이 떠나가라 울어댔다. 나는 목젖이 찢어질까 두렵기까지 했다.

남편이 퇴근해서 잠깐 봐주기는 하지만 남편은 잠이 많다. 머리만 대면 3분 안에 잠든다. 내가 부러워하는 것 중 하나다. 잠결에 아이의 울음소리에 짜증을 내면 거실로 쫓겨 나와야 했다. 섭섭한 마음에 화도 났다. 엄마 마음을 모르는 아기는 계속 울어댔다. 순간 나는 뒷목이 서늘해지는 것을 느꼈다. 0.00001초도 안 되는, 정말 그 찰나적인 순간 나는 악마가 되어 있었다. 아이를 벽에다 세차게 던지는 것이다! 나는 너무 놀란 나머지 뒤를 돌아봤다. 마치 뒤에서 다른 혼령이 나를 조종하는 듯한 착각이 들었다. 정신이 번쩍 든 나는 너무 무서웠다. 내 품에 안겨있는 아이에게 미안했다. 미안하다며, 엄마가 잘못했다며 아이를 더 세게 끌어안았다. 아이의 공갈젖꼭지 위로 눈물이 떨어졌다.

둘째 아이 때는 산후조리를 친정에서 했다. 그때도 조리원이 있었으나

대중적이지 않았다. 따라서 비용도 만만치 않았다. 친정에서 산후조리를 하게 된 것은 친정엄마의 의견을 따라서이다. 첫아이 때 우리 집에서 산후조리를 해주신 엄마는 너무 답답해하셨다. 엄마 역시 활동적이고 적극적인 분이시다. 대장부적 기질이 다분한 분이시다. 내가 엄마를 닮은 부분이기도 했다. 그런 분이 산후조리 동안 집에만 있으려니 오죽 답답하셨을까? 대구가 아닌 논공에 있으니 아는 사람도 없었다. 그때 엄마는 '삼칠'이라고 정확하게 21일이 되던 날 아침 친정으로 가셨다. 전날 밤부터 옷가지 등의 짐을 챙기셨다. 삼칠일 아침, 동이 트자마자 나의 아침을 챙겨주시고는 가버리셨다. 내심 나는 더 계시길 바랐다. 나는 아이만 낳았지 아무것도 몰랐다. 덜컥 겁이 났다. 한동안 엄마에게 서운한 마음이 들었다.

'첫째가 힘들면 둘째는 편하다'라는 말이 있다. 나는 첫째아이 때 정말 많이 힘들었다. 그러니까 둘째는 편해야 했다. 하지만 한 달이 지나고 두 달이 지나도 편하지 않았다. 이 말을 한 사람을 잡아서 따지고 싶었다. 편하게 해달라고 떼쓰고 싶었다.

둘째는 6월생이다. 친정엄마가 갓난아이는 조그만 것에도 잘 놀란다고 김밥처럼 똘똘 싸매 놨다. 결국 온 몸에 땀띠가 생겨서 더 짜증스럽게 울어댔다. 한 달이 채 안 돼 감기 때문에 병원 약도 먹었다. 갓난아기에게 약을 먹이는 것이 탐탁지 않았지만 어쩔 수 없었다. 예민해진 탓일까? 둘째도 자주 울었다. 여름이 시작되는 여름밤의 바람은 보드라웠다. 예전에 바람을 느끼던 나는 없었다. 뿡뿡이 인형처럼 불어난 몸에 제왕절개 수술부위가 다시 칼로 도려내는 것 같았다. 그것은 나를 더 우울하게 했다. 따지고 보면 다 내가 선택한 것이었다. 결혼도 아이도. 그러함에도 현실은 여름밤의 어둠이었다.

퇴근한 남편이 나를 찾아 나섰다. 연극이 끝난 무대처럼 놀이터에는 아무도 없었다. 격정의 연극을 끝낸 배우가 된 느낌이었다. 공허하고 외로웠다. 아무것도 나를 대신할 것은 없었다. 시소 옆에 앉은 남편이 아무말 없이 내 어깨를 감쌌다. 나 역시 흐느낄 뿐 아무 말도 하고 싶지 않았다. 누구나 30년 이상을 다른 환경에서 살다 결혼을 하면 충돌이 있기 마련이다. 알콩달콩 신혼을 즐기다가 아이를 낳고 키우면서 부부싸움을 하게 되기도 한다. 아내는 아내대로 처음 맞는 육아가 힘들고 막막하다. 육아서대로 따라 해보지만 육아에는 정답이 없기 때문이다. 남편이 일찍 와서 좀 봐줬으면 하지만 남편은 남편대로 직장에서의 스트레스로 힘들다. 아이가 짐이 되는 것은 아니지만 힘든 것은 사실이다.

요즘은 시대가 많이 바뀌었다고 하지만 아직은 육아가 여자의 전유물인 것 같다. 여기서 남자들이 눈여겨봐야 할 것이 하나 있다. 아빠가 아이들에게 어떠한 영향을 미치느냐이다. 왜 북유럽아빠들이 공동 육아가 당연하다고 생각하겠는가? 단지 문화의 차이만은 아니다.

영국의 한 대학에서 실시한 실험을 보면 아빠의 육아가 아이에게 어떠한 영향을 미치는 잘 알 수 있다. 어린 시절 아빠와 많은 시간을 보낸 아이는 그렇지 않은 아이보다 지능이 높고 사회적 지위도 더 높게 나왔다. 다양한 언어를 구사하는 아빠들의 아이가 언어능력도 높았다. 특이한 점은 엄마가 구사하는 다양한 언어들은 아이들에게 별다른 영향을 미치지 못했다는 점이다. 이 실험을 통해 아이의 언어능력에 아빠의 영향이 크다는 것을 알 수 있다.

또한 사회적으로 능력이 있고 행복한 가정생활을 영위하는 아빠들을 보면 그의 아버지와도 좋은 관계를 유지하고 있다는 것이다. 아빠와 많은 시간을 보내고 놀아준 아이들은 사고력 또한 높았다. 사물에 대한 관심이 많고 위기대처능력이 탁월했다. 남자인 아빠와 함께함으로 아이가 더 합리적인 행동을 보였다. 무엇보다 아빠의 육아참여로 엄마의 양육부담을 덜 수 있다. 엄마의 양육이 스트레스가 되면 당연히 아이들에게 좋지 못한 영향을 미친다. 만약 가정불화까지 이르게 된다면 아이의 정서발달에 해를 끼치게 되는 것은 자명하다.

둘째아이가 중학교 3학년 여름방학 때다. 당시 첫째인 희성이는 혼자 미국여행 중이었다. 부모의 마음이 그러한지라 둘째에게 미안한 마음이 들었다. 물론 둘째에게도 의견을 물어 봤었지만 본인이 끝내 가지 않겠다고 대답했다. 그래도 부모 마음은 편치 않았다. 방법을 모색한 끝에 나는 한 가지 묘책이 떠올랐다. 아빠와 시간을 갖게 하는 것이었다.

남자들이 그렇듯 평소에 대화가 없었다. 더군다나 경상도 남자들이다 보니 서로의 질문에도 단답형으로 끝나는 것이 일쑤였다. 내가 등을 떠밀었지만 아빠도 아이도 어색하기는 마찬가지였다. 방학이지만 미술로 진로를 결정한 아이는 시간이 별로 없었다. 미술학원을 다니기 시작한지 며칠 되지 않을 때였다.

나는 두 남자에게 1박2일 동안 서울에 다녀올 것을 제안했다. 미술과 관련된 학과가 있는 대학교 탐방이었다. 시각화인 셈이다. 내가 함께할 수도 있지만 '부자(父子)'만의 시간을 가지면 좋겠다 싶었다. 다행히 두 남자는 반대하지 않았다. 갑자기 결정한 것이라 대학교투어 예약이 불가능했다. 간단하게 몇몇 학교를 조사하는 정도에서 무작정 떠나기로 했다.

두 남자를 서울로 보내고 근무를 하는데 핸드폰이 '까톡까톡' 나를 불러댔다. 남편이 보내는 사진들이다. 사진 속의 민수는 '잘생긴 미대오빠'였다. 미대오빠는 서울대, 홍익대, 국민대, 성균대관대에 출현했다. 분명 오빠인데 이화여대에도 출현했다. 서울대는 출입거부에도 불구하고 몰래 숨어 들어갔다고 두 사람이 키득거리며 얘기를 들려 줬다.

날이 저물어 숙소에 들어왔다가 홍대로 다시 나갔다고 한다. 아빠는 홍대의 젊음을 만끽하고 민수는 길거리 좌판의 쇼핑을 만끽했다. 대구와는 또 다른 문화의 자유로움이 있었다. 역시 아빠가 보내오는 사진과 민수가 보내오는 사진이 달랐다. 아빠의 사진에는 온통 민수가 들어 있었다. 민수가 보내오는 사진에는 그림과 하늘, 그리고 각종 몸매를 자랑하는 건물들이 있었다. 나는 그것만으로 흡족했다. 그해 여름 가장 무더운 날이었다. 부자간의 사랑이 그날의 날씨보다 더 뜨거운 날이었다.

보스턴 '딕 호이트 & 릭 호이트' 부자의 감동실화가 있다. 탯줄이 두 번이나 목에 감겨 태어난 릭 호이트를 보며 의사들은 말했다. 글을 읽을 수도, 걸을 수도 없다고. 그러나 릭 호이트는 고등학교를 거쳐 대학까지 졸업했다. 아버지 딕 호이트는 뇌성마비 아들 릭 호이트와 1977년부터 2016년, 은퇴할 때까지 마라톤 1,125회, 철인3종 경기 6회를 완주했다.

'믿는 대로 된다'는 철학으로 아들의 인생을 뒤바꿔 놓은 아버지이다. 아들 릭 호이트는 말한다. '아버지와 함께여서 내가 장애인이라는 것을 잊고 살았다'고. 세상의 모든 아버지는 위인이다. 이 위인은 아이와 함께 함에 탄생된다. 아버지가 위인이 될 아들을 탄생시킨다. 우리 아이들이 합리적인 판단과 행동으로 새로운 것에 도전할 수 있는 용기와 힘을 줄 수 있는 원천이 아버지임을 기억하길 바란다.

| 03

아이의 가능성은
부모의 신뢰로 자란다

첫째 희성이는 초등학교 때부터 함께해 온 친구가 있다. 모두 여섯 명으로 13년이 넘은 셈이다. 오랜 시간 우정을 키우며 아이들 또한 많이 자랐다. 기쁜 것은 여섯 배로 함께 하고 슬픈 것은 여섯 조각으로 나누는 친구들이다. 학업, 진로, 이성 어느 것 하나 공유하지 않은 것이 없다.

희성이가 고등학교 1학년 때이다. 친구 동훈이가 곤경에 빠지게 되는 일이 있었다. 동훈이는 키도 크고 덩치가 좋았다. 얼굴도 늠름하게 생겼다. 그런 이미지 때문인가? 인근 다른 학교의 짱이 도전장을 던진 것이다. 동훈이가 시비를 건 것도 아니었다. 남학생들 사이에서는 학기 초에 기선제압을 하려는 속성이 있었다. 각기 다른 학교로 뿔뿔이 흩어져 있는 여섯 명의 친구들이 일제히 모였다. 동훈이가 걱정되었던 것이다. 드디어 결전의 그날! 동훈이 혼자 나오는 것으로 알고 있던 짱이 흠칫 놀랐다. 동훈이를 제외한 다섯 명의 친구들이 동훈이를 지키고 있었던 것이다. 여차하면 달려들 기세로. 동훈이는 속으로 생각했다. 정말로 싸우게되면 질 것이 뻔했다. 이럴 땐 단순한 것이 좋다. 먼저 선방을 날렸다고한다. 어이없게 한방에 나가 떨어졌다는 짱.

그 일로 다음날 아이들은 교무실로 불려갔다. 누군가의 제보가 있었던것이다. 다행히 반성문 쓰는 것으로 일단락되었다. 반성문을 쓰면서도이 녀석들은 즐거웠다. 열일곱 살 사내아이들의 '으~~의리'인 셈이다.

나는 이 이야기를 동훈이 엄마한테 들었다. 그것도 거의 일 년이 지났을 때였다. 그날은 여섯 명의 부모들과 모임이 있는 날이었다. 아이들이워낙 친하게 지내니 엄마들도 인사하고 지내자고 시작된 모임이었다. 그후로 아빠들까지 합류하여 모임을 갖곤 했었다. 그날의 엄마아빠들은 아이들에게 '잘했다', '멋지다', '잘 크고 있다' 등의 반응으로 일관했다. 남자아이들이 학창시절 이러한 스토리 하나쯤은 있어야 되지 않겠는가?

이 녀석들이 여름에 포항 바다로 여행을 간적이 있었다. 1박2일로 민박을 잡고 놀고 오겠다는 것이었다. 집집마다 서로 알고 있었기에 허락했다. 문제는 미성년자의 숙박이용이 제한될 것인데 희성이가 예약을 했다는 것이다. 어떤 일이 있을 때마다 대부분은 희성이가 기획을 하고 진행을 도맡았다. 이번에도 마찬가지였다.

나는 숙박 부분이 의심이 됐지만 그냥 보내기로 했다. 이미 마음은 바다로 가 있는 아이들이었다. 막을 도리가 없는 것이다. 또한 부딪혀 보라는 심산이었다. 친구들이 함께인데 무슨 문제인가? 의심하기 시작하면 끝이 없다. 보내주기로 결정했으면 그다음은 아이들이 즐기면 되는 것이었다. 아침에 인사를 하고 출근을 했다. 늦은 오후가 되니 모르는 번호로 전화가 한 통 왔다. 분명 모르는 번호인데 아들 희성이의 목소리였다.

"엄마, 여기 애들하고 민박 왔는데, 아주머니께서 좀 바꿔 달래."
"네, 혹시 희성이 어머니세요? 다름이 아니고 미성년자인줄 모르고 예약을 잡았는데요, 원래 미성년자는 보호자 없이 숙박이 안 되거든요. 물어보니까 다들 집에 얘기하고 왔다고 해서 제가 어머님께 전화 드렸어요. 어머님 확인받고 묵어가게 하려구요."
"아, 네! 감사합니다. 다른 친구 엄마들도 다 알고 있어요. 다들 친하게 지내서. 제가 부모들한테 말씀드릴게요."
"네 그럼 그렇게 알고 있겠습니다. 별 탈 없이 잘 있다가 보낼 테니 걱정하지 마세요."

민박사장님의 목소리에서 교양이 느껴졌다. 어쩌면 교직에서 퇴직하여 펜션사업을 하고 있는지도 모른다는 생각까지 들었다. 사장님은 엄마인 내 걱정까지 해주고 있었다. 아이들에게도 고마웠다. 자기들끼리 자유분방하게 놀려면 다른 데로 가도 그만이었을 것이다. 놀러가서 보호자 전화번호를 가르쳐주게 될지 아이들은 알았을까? 그 모습을 상상하니 너무 귀여웠다. 몸은 아저씨인데 마음은 아직 일곱 살 마냥 순수했다.

이튿날 아이들이 무사히 돌아오고 나는 민박사장님께 감사 전화를 드렸다. 아이들은 조용히 놀다가 11시에 잤다고 했다. 아들의 말에 따르면 고기를 배부르게 구워 먹고 잤다고 했다. 내가 보기엔 바보들인 것 같다.

교육심리학자이자 하버드대학교 심리학교수 '하워드 가드너'가 발표한 '다중지능이론'이 있다. 기존에는 아이들의 능력을 IQ로 판단했다. 반면 다중지능이론이 발표되면서 아이들에게는 한가지의 능력만 존재하는 것이 아니라 여덟 가지의 지능이 유기적으로 연관되어 있다는 사실을 알게 되었다.

다중지능이론의 지능은 다음과 같다. 언어지능, 논리수학지능, 공간지능, 신체운동지능, 음악지능, 대인관계지능, 자기이해지능, 자연친화지능의 여덟 가지이다. 부모들은 내 아이가 어떤 지능이 높은지 잘 관찰하고 탐색하여 그것을 발달 · 지지해줘야 한다.

희성이가 고3 여름방학 전의 일이다. 솔직히 희성이는 공부를 잘하는 아이는 아니다. 어차피 공부로 시간을 할애할 것이 아니면 2학기 수시 전에 여행을 보내기로 했다. 몇 년 전 동생 민수를 친구의 여행 편으로 같이 보낸 적이 있다. 그 친구가 뉴욕을 거쳐 시카고로 갈 일이 있다고 했다. 여행과 더불어 시카고에 있는 숙부님을 뵈러 간다는 것이다. 이번에는 희성이를 부탁했다.

원래 여행 계획은 이랬다. 출발을 뉴욕으로 같이 갔다가 3일 후에 다시 합류하는 것이었다. 3일 동안 친구는 숙보님을 뵙기로 한 것이다. 그런데 여행을 진행하는 과정에 계획의 차질이 생겼다. 미국 9박10일의 일정을 희성이 혼자 소화하게 됐다. 여행 출발 2주일전의 일이다. 희성이도 나도 덜컥 겁이 났다. 민수처럼 희성이 역시 해외여행이 처음이었다. 그것도 혼자 열흘을 지내야 한다. 이미 인터넷으로 몇몇 곳의 숙박과 비행기 티켓 예약이 끝난 상태였다. 손해를 불사하고 취소를 할까 고민했다. 나는 결정권을 희성이에게 맡겼다. "내 혼자 우짜라고?"라고 하던 희성이는 "내 갔다올께!"라고 답을 내렸다. 직장이고 주변 지인들이고 다들 나더러 미친 엄마라고 했다. 중요한 고3 여름방학을 앞두고 여행을 보낸다는 자체부터 그랬다. 그런데다 처음 해외여행을 혼자서 열흘씩이나 보낸다는 것은 무리라는 반응이었다. 열이면 열 "나는 반대다", "나 같으면 못 보낸다." 심지어는 "총 맞으면 어떡할래?"라는 반응도 있었다. 물론 나도 걱정이 됐다. 일단 문화부터가 다르지 않은가? 사고가 다르므로 오해의 소지는 충분히 있을 수 있는 일이었다. 그러나 모험을 해보기로 최

종적으로 결정했다. 물론 희성이가 아들이 아니고 딸이었다면 다시 생각
해볼 문제이긴 하다. 나는 희성이를 믿기로 했다.

밀레니얼세대답게 희성이는 인터넷을 잘 활용했다. 희성이는 '구글'을
통해서 여행경로를 계획했다. 본인이 가보고 싶은 곳을 고르고 이동거
리, 이동소요시간, 대중교통비용까지 고려했다. 사전에 예약 방문해야
되는 곳은 미리 티켓 예약까지 했다. 물론 내 친구인 아저씨에게 자문을
구하고 많은 도움을 받았다. 친구도 걱정되기는 마찬가지였다. 처음 부
탁은 내가 했지만 어쨌건 친구의 일정이 변경되어 발생한 결과이기 때문
이다. 결과는 자명한 것이고 이번이 좋은 기회가 될 수 있다고 스스로를
다졌다.

희성이가 열흘 동안의 일정을 다 계획한 것은 아니었다. 몇 부분만 계
획하고 그냥 부딪힌다는 것이었다. 걱정이 된 나는 다그치기 시작했다.
고집이 센 희성이는 "내 알아서 할게."라고 일관했다. 별 수 없이 나는 희
성이의 선택에 맡겼다. 그 또한 경험이라 생각한 것이다. 여행의 대부분
을 걸어 다녔다는 희성이다. 공항에서 교통카드를 구입했지만 구경하다
보니 걷게 되더라는 것이다. 무사히 다녀온 희성이는 그곳에서의 영상을
UCC로 제작해서 내게 보여줬다. 내 친구인 아저씨에게도 보내줬다. 감
사인사였다. 내심 걱정했던 친구가 내 아들인양 뿌듯해하며 오히려 고마
워했다. 나는 UCC를 보는 내내 어떠한 영화보다 진한 감동이 밀려왔다.

브루클린 브리지 야경을 동영상 촬영을 했다. 타임스퀘어의 수백 개의 광고판을 통해 2018 러시아 월드컵을 즐겼다. 희성이가 그토록 좋아하는 축구였다. 인파에 묻혀 같이 응원하고 춤을 췄다. 파란 눈의 여인과 사진도 찍었다. 엠파이어스테이트 빌딩 꼭대기에 〈신서유기〉의 인형 '신묘한'을 데려갔다. '자유의 여신상'을 찾을 때는 반대방향의 차를 타기도 했다. 예약한 티켓을 환불하고 시행착오 끝에 표를 다시 끊기도 했다. 거기서 도움을 받은 흑인경찰과 기념촬영도 했다. 현대미술관에서 그림을 시작한 동생을 위해 수첩과 연필도 사왔다. LOVE 조각 앞에서 여자도 없이 혼자 멋있는 척 폼도 잡았다.

2018년 여름은 희성이의 인생이 다시 시작되는 여름이다. 마치 군대제대 후 세상에 나올 때 그것과 같았다. 무엇이든 해낼 수 있다는 스스로의 자신감이었다. 희성이는 수시원서 자기소개서에 미국여행을 일순위로 썼다. 내 아들 희성이는 신체운동지능, 대인관계지능, 자기이해지능이 뛰어나다. 희성이 본인도 그것을 잘 알고 있다. 나는 희성이가 이러한 자기 능력을 잘 활용할 것을 믿는다. 나의 믿음은 앞으로도 쭉 변함이 없을 것이다.

| 04

넘치는 것보다
부족한 것이 낫다

　요즘 아이들의 방을 가보면 영화 〈토이스토리〉가 따로 없다. 남자아이들 같은 경우는 본인이 직접 탑승하는 차만 해도 여러 종류다. 예전에 지인의 집에 놀러갔다가 현관입구 복도에 주차되어 있는 아들의 차를 보고 놀란 적이 있다. 아이가 하나인데 차는 세 대였다. 우리 일행은 '아빠보다 니가 부자네! 아빠는 국내자동차인데 우와~ 너는 외제차가 세 대야?'라며 농담을 했다. 입구부터가 이러하니 집안은 어떠했겠는가? 아예 장난감 방이 따로 있었다.

　여자 아이들 같은 경우는 더한 것 같다. 일단 악세사리부터 넘쳐난다. 별도의 화장대가 있다. 먹지도 못할 요리를 하는 싱크대가 딸린 주방도 있다. 인형마다의 옷장이 있고 침대가 있다. 다른 지인의 집에는 아이 놀이방에 공부방이 별도로 있었다. 물론 공부방은 완전 풀세트로 갖추어져 있었다. 내가 조심스럽게 말했다.

"요즘 장난감도 대여하는 곳이 많던데…. 월정액제로 이용하고 고가의 것은 필요에 따라 돈을 조금 더 주고 이용할 수 있대. 문제는 엄마들이 찝찝해 한다는 것인데 오히려 집에 것보다 위생적으로 더 좋대. 전문 업체에서 다 소독하니까."

"저는 제 아이한테 그냥 해주고 싶어서요. 마트 갔다가도 좋은 것 보이면 사주고 싶고…. 그리고 어린이집 가면 지들끼리도 이거 있다 저거 있다 막 자랑하니까요."

나는 더 이상 말할 필요가 없음을 느꼈다. 더 이야기를 하면 분위기가 안 좋아질 것 같아 "그렇구나!"라고 대답하고 화제를 돌렸다. 사실 내 돈 들여 사주는 것도 아니니 상관할 바는 아니었다. 요즘은 장남감도 함부로 사주면 안 된다. 고객의 취향과 품격을 고려해야 한다. 고객이 아이는 아니다. 아이의 엄마를 칭하는 것이다.

우리 아이들은 어릴 때 장난감이 많이 없다고 투덜거렸었다. 그것은 남편도 마찬가지였다. 총과 칼, 자동차, 로봇 등 남자아이들이 좋아할만한 장난감을 사주고 싶어 했다. 가난한 시골농부의 아들로 태어난 남편이었다. 시골, 그것도 변두리였다. 가끔 식구들이 모여 옛날 얘기를 하면 나는 도통 이해할 수 없는 추억거리들을 이야기 한다. 6.25를 겪은 친정 엄마와 이야기가 통한다. 그만큼 오지마을에서 태어나고 자랐다. 그렇게 자란 남편의 유년시절에는 장난감이라는 자체가 없었다. 산과 들이 놀이터이고 나무꼬챙이 하나면 서부의 사나이도 됐다가 복면 쓴 검객도 됐다. 이러니 남편이 아이들에게 장난감을 사주고 싶어 하는 심정은 이해가 됐다. 이해는 됐지만 거기까지다. 무조건 장난감은 아니었다. 특히 총이나 칼 같은 무기류는 안 된다는 나의 생각이었다.

조카를 예뻐하는 시숙이나 동생이 장난감을 사오는 경우가 있었다. 시숙의 경우는 어쩔 수 없이 받지만 동생에게는 바꿔올 것을 요구했다. 아이들의 장난감은 블록과 책이 전부였다. 아이가 글을 모르는 유아기 때는 모서리가 날카롭지 않은 책을 바닥에 깔아놓았다. 그것은 탑도 되었다가 자동차도 되었다가 먹거리가 되기도 했다. 또 주먹크기의 블록을 준비해 주었다. 나는 처음에 그것을 끼우려고 하는 아이가 너무 신기했다. '아무도 가르쳐주지 않았는데 끼우는 걸 어떻게 알았을까?' 싶은 것이다. 나중에 유심히 관찰해보니 아이가 좋아하는 색깔이 있는 것 같았다. 유독 그 컬러의 블록을 많이 만졌다. 아이가 크면서 블록의 형태는 더욱 다양해졌다. 크기, 소재, 기능 등 아이의 연령에 맞춰 변형시켰다. 이렇게 보면 '토이스토리 부모'들과 다를 바 없지만 나는 고가의 블록도 마다하지 않았다. 자석블록이 처음 나올 때 당시 가격이 10만원 대였다.

당시로 치면 상당히 고가임에도 불구하고 고민하던 나는 결국 그것을 사줬다. 아마 2만원씩 할부를 했던 것 같다. 내 고집 때문인지 아니면 아이들의 소양이 그런 것인지 우리아이들은 블록을 꽤 잘 했다. 그것을 가지고 노는 것 또한 좋아했다. 대부분이 큰아이 때 사놓은 것이고 작은아이는 형이 하는 걸 보고 자연스럽게 블록을 가지고 놀았다. 다른 아이들에 비해 블록을 다루는 것이 일찍이 능숙했다. 소근육이 발달하는 것은 당연하고 공간지각능력 또한 좋았다. 가위질이나 젓가락 사용이 매우 빨랐던 이유이기도 하다.

나는 조그마한 레고조각을 내부가 안 보이는 박스에 보관하지 않았다. 투명하고 커다란 젤리 통을 이용했다. 작은아이는 젤리 통을 한번 뱅그르르 돌리고 상상의 작품에 필요한 컬러와 모양의 레고조각 몇 개만 꺼낸다. 그리고 단시간에 만들어 냈다. 비행기도 만들고 자동차도 만들었다. 비밀기지가 있는 성도 만들어 냈다. 거기다 스토리를 입혔다. 당연히 관객은 내 몫이었다.

여자아이들에 비해 남자아이들이 수학능력이 뛰어나다고 한다. 그중에서도 공간지각능력이 좋았던 아들은 수학에서 빛을 보였다. 또한 미술 디자인을 꿈꾸며 매진하고 있는 지금도 많은 도움이 되고 있다. 구상을 잡거나 도형들을 입체적으로 표현하는데 어렵지 않게 표현하고 있다.

수학을 잘하기 위해서는 아이의 3~6세 때를 놓치면 안 된다. 이 시기에 아이의 뇌는 창의력이 폭발적으로 성장한다. 이에 나는 블록장난감을 추천한다. 블록은 아이의 공간지각능력과 수학적 사고능력을 향상시켜준다. 북유럽부모들이 블록을 고집하는 이유이기도 하다. 미국의 아동교육전문가 알파노 박사는 생후 500일 이내 즉, 생후 18개월경에 부모와 함께하는 놀이가 아이의 학습능력을 기를 수 있다고 말한다. 이 시기에 아이를 방치하면 학습적 잠재력이 뒤처지게 된다. 아이와 함께 블록을 가지고 놀면서 부모와 교감하고 사랑을 배울 수 있다.

블록의 이점을 정리하자면 다음과 같다.

첫째, 창의력과 사고력이 발달된다. 둘째, 수학적 과학적 능력이 발단된다. 셋째, 손과 눈의 협응력을 돕는다. 넷째, 자신감을 키워준다.

외식을 하는 경우도 같았다. 장난감을 챙기려는 남편을 말렸다. 놀거리가 있으면 외식이 편하기는 했다. 만남의 대상에 따라서 달라지기도 했으나 극히 드물다. 우리 부부는 외식을 하면 서로 번갈아 가며 식사를 했다. 아이를 봐주고 편하게 식사하라는 배려다. 식사가 끝나고였다. 남편이 "애들 뭐하고 노노?"라며 힐책의 눈빛을 나에게 보냈다. 나는 잠시 생각 끝에 테이블 위의 냅킨을 몇 장 뽑아서 아이에게 줬다. 아이는 그것을 탐색하기 시작했다. 이내 찢어보았다. 나는 아이가 찢은 냅킨 조각을 돌돌 말아보았다. 아이도 따라 했다.

이번에는 돌돌 말린 냅킨을 연결시켜줬다. 아이는 또 신기하게 탐색하기 시작했다. 식당의 냅킨을 용도 이외에 사용하는 것을 식당사장 입장에서는 탐탁지 않을 수도 있다. 난 가방 안에서 휴대용 휴지를 꺼냈다. 맘 놓고 길게 연결시켜줬다.

아이가 웃으며 박수치는 시늉을 해보았다. 길게 늘어진 휴지 고리를 머리에 쓰며 좋아했다. 나는 반지도 만들어주고 팔찌도 만들어줬다. 그날 아이는 목걸이, 반지, 팔찌를 하는 부자가 됐다.

우리가 무엇을 좋아하는지
어른들은 몰라요
우리가 무엇을 갖고 싶어 하는지
어른들은 몰라요
장난감만 사주면 그만인가요
예쁜 옷만 입혀주면 그만인가요
어른들은 몰라요 아무것도 몰라요
마음이 아파서 그러는 건데
어른들은 몰라요 아무것도 몰라요
알약이랑 물약이 소용 있나요
언제나 혼자이고 외로운 우리들을
따뜻하게 감싸 주세요 사랑해주세요

〈어른들은 몰라요〉라는 아이들 동요의 일부분이다. 어릴 때 무심코 불렀던 이 동요를 어른이 돼서 접하니 마음이 아프다. 부모가 아이에게 장난감을 사주는 것이 정작 아이를 위한 것인지 생각해볼 문제다. 혹시 아이에 대한 미안함 때문은 아닌지, 부모인 내가 귀찮아서인 건 아닌지, 부모로써 책임감이라고 생각하는 건 아닌지 자문해보길 바란다.

단언컨대 우리 아이들의 능력은 무한하다. 그 능력을 배가시켜줘야 하는 것이 부모의 역할이다. 아이들이 원하는 것은 비싼 장난감이 아니다. 부모와 함께 하길 원하는 것이다. 부모와 함께함으로써 아이는 사랑받는 존재임을 자각하게 된다. 이것으로 큰 재목이 될 수 있음을 기억하자.

| 05

아이에게
가장 훌륭한
롤모델은 부모이다

여러분들은 인생의 롤모델이 있는가? 성공자들을 살펴보면 공통점이 있다. 그들은 하나같이 그들만의 롤모델이 있다는 것이다. 롤모델이 된다는 것이 그들 또한 인생을 잘 살았다는 증거다. 그러한 이유로 성공자들이 롤모델을 닮고자 하는 것이다. 그렇다고 롤모델과 똑같은 삶을 사는 것은 아니다. 그들의 삶을 좇아 그들의 의식을 배우고 자신들의 삶에 대입시키는 것이다.

남편은 한 직장을 20년 넘게 다니고 있다. 나 역시 아이들이 어느 크고 다시 시작한 직장생활을 8년째 하고 있다. 남편과 나는 타부부에 비해 이야기를 많이 하는 편이다. 우리 부부의 얘깃거리는 대부분 집안대소사다. 집안얘기를 한다거나 아이들 얘기를 하는 것이다. 아이들 교육에 대해서 고집이 센 내말을 남편이 들어주는 형태다. 또한 나는 아이들과 아빠와의 중간에서 해설자로서 가교 역할을 한다.

또 이야기 주제 중 하나가 노후에 대한 것이다. 막막한 직장생활이 언제까지나 지속될 수 없기 때문이다. 늘 이야기의 결론은 없다. 대부분 걱정으로 시작해서 걱정으로 끝을 맺는다. 그 주제는 다음에도 화두에 오르지만 역시 결론이 없는 반복이 된다.

나는 무언가에 도전을 잘하는 편이다. 노후에 대해서, 무엇을 할지 고민하기 시작했다. 이것저것 생각해보았으나 제일 첫 번째로 걸리는 것이 나이였다. 아이를 키우다 보니 내 나이 어느덧 마흔 중반을 넘어서고 있었다. 나이 제한에 걸리지 않는 직종으로 생각해봐야 했다. 인터넷 검색을 했다. '유망직종'이라고 검색을 했다.

공인중개, 사회복지가, 심리상담사, 보육교사, 간호조무사, 요양보호사, 산업기사 등이 검색되었다. 내가 처한 환경과 학력, 나이, 향후전망 등을 접목시켜봤다. 무엇보다 나이제한 없이 가능한 것이 무엇인지가 중요했다. 나는 대학을 교육부 인정이 아닌 사립 기능대학을 나왔다. 무엇인가를 하기 위해서는 학사학위가 우선이었다. 나는 '사회복지사'를 선택했다. 전문대학인정을 받을 수 있는 전문학사학위까지 선택해서 병행했다. 선택을 하니 행동으로 옮기는 것은 그리 오랜 시간이 걸리지 않았다. 그동안 고민한 시간이면 충분했다. 바로 강의를 등록하고 선택과목을 고른 후 수업에 들어갔다.

지금에서 말하지만 힘든 시간이었다. 퇴근 후 아이들을 케어하고 운동을 다녀오면 밤 12시였다. 운동은 체력을 위해서 필수였다. 스트레스 해소를 위해서라도 꼭 필요했다. 내 스트레스가 가족들에게 분출된다는 것을 알고 있었기 때문이다. 밤 12시가 돼서야 PC 앞에 앉았다. 공부를 하다가 고등학생인 아들의 간식을 챙기고 다시 책을 펼치곤 했다. 늘 새벽 2~3시가 넘어 잠이 들었다. 항상 잠이 부족했고 피곤했지만 중도에 포기할 수 없는 노릇이다. 나의 선택에 대한 약속이었고 포기하는 모습을 가족들 특히, 아이들에게 보이고 싶지 않았다.

자격증을 취득하는데 2년이 걸린다는 것을 1년 반 만에 끝냈다. 사회복지사 자격증과 전문학사까지 모두 취득하였다. 학업중간 학점 인정에 필요하다는 '소방안전관리자 2급'까지 취득했다. 공부하는 동안 오랜 시간 앉아 있어서인지 허리디스크가 재발했다. 서있기도 앉아있기도 힘든 상황이었다. 소방안전관리자는 주말을 이용하여 수업을 들어야 했다. 토 · 일요일 09시부터 18시까지 이어지는 시간이었다. 총 4일을 들어야 시험자격이 주어졌다. 한 번의 지각도 용납이 안 됐다. 개인별 출석번호가 책상에 부착이 되어 개인 신분증으로 사진을 대조해 가며 출석체크를 했다. 관리자는 매 시간마다 체크했다. 자리이동이 불가했다. 내 자리는 맨 앞자리였다. 뒷자리 같으면 서있기라도 하겠는데 정말 난감했다. 그래도 앉아 있는 서보다 서있는 것이 나았다. 어쩔 수 없이 관리자에게 부탁을 했다. 필요하면 진단서라도 떼어 오겠다고 사정 얘기를 했다. 다행히 관리자는 나의 말을 들어줬고 나는 하루 9시간 총 4일을 맨 뒷자리에 서서 수업을 받았다. 시험당일에는 진통제를 먹고 시험을 쳤다. 나는 130명 수강생들 중 2등으로 합격했다.

이듬해 나는 또 다른 도전을 했다. 10여 년 전에 우연히 운전을 하다가 플랜카드를 하나 발견했다. '재테크, 부동산 투자를 경매로 시작하라'라는 것이다. 돈이 조금이라도 있으면 괜찮은 재테크라고 생각했다. 나는 돈이 없었던 데다 아이까지 키우느라 그걸 잊고 있었다. 그러다 다시 재테크를 생각하게 된 것이다. 이미 은행적금으로는 부를 축적할 수 없는 세상이 되었다. 은행 금리는 2% 초반대로 떨어졌음에도 하락세를 보이고 있었다. 잊고 있던 '경매'가 떠올랐다. 여전히 돈은 없었다. 주택담보대출 이자 또한 3%이하로 떨어진 점을 이용했다. '레버리지 효과'를 노린 것이다. 내가 찾은 곳은 서울에 위치한 〈한국경매투자협회(이하 한경협)〉이었다. 이곳 대표 김서진 씨는 자신의 저서 '돈이 없을수록 부동산 경매를 하라'에서 이렇게 말한다. '아무런 행위도 하지 않으면 아무 일도 일어나지 않는다.' 아무런 일도 일어나지 않게 있을 수만은 없었다. 바로 수업에 착수했다.

한경협의 수업은 '실전' 위주였다. 불필요한 전문용어로 중도에 포기하게 되는 경우는 없었다. 의식고양으로 자신감마저 불어 넣어줬다. 나의 자신감은 곧 낙찰로 이어졌다. 30평 빌라와 24평 아파트였다. 나는 얼마 전 아파트에 대해서 임대차 계약을 완료했다. 임대인이 된 것이다. 이 모든 것이 수업만 받는다고 가능했겠는가? 낙찰받기까지 나는 잠을 아꼈다. 직장맘에게 하루 24시간은 오롯이 내 것이 될 수 없다. 또 다시 자정이 되면 PC 앞에 앉았다. 물건검색을 하고 각 지역별 관공서에 들어가 의정을 살펴보기도 했다. 점심을 시리얼로 대충 해결했다. 남는 점심시간을 이용해 해당지역 부동산에 시세조사를 했다. 부족한 시세조사는 주말을 이용, 현장 조사를 했다.

경매를 배우기 위해 찾은 한경협에는 또 다른 교육기관이 있었다. 〈한국책쓰기1인창업코칭협회(이하 한책협)〉이라는 곳이다. 연예인 같아 보이던 작가들이 평민처럼 즐비했다. 이곳 대표 김태광 씨의 저서는 200권이 넘었다. 그가 배출한 작가가 이미 천 명에 육박했다. 내 가슴에서 뭔가 꿈틀거리기 시작했다.

나는 지금 글을 쓰고 있다. 또 다시 밤을 새우다시피 하루하루 정진하고 있다. 글을 쓰면서 '나'를 찾게 된다. 다시 찾은 내가 아이와 이야기를 한다. '미안했다'고 말하고 '사랑한다'고 말한다. 나에게 선물로 와준 네가 너무 '감사하다'고 말한다.

며칠 전 둘째아이가 즐거운 표정으로 나에게 다가왔다.

"엄마, ○○앱이 있는데, 공부하는 앱이야. 밴드나 단체톡처럼 몇몇 아이들이 그룹을 지어서 서로 공부시간을 체크하는 거야. 자기가 공부하는 시간이 공개되는 것이지. 다른 애들은 이만큼하고 앞서가면 약 오르니까 서로 경쟁도 되고…. 그래서 나 오늘부터 이거 하려고!"

"엄마 아까 영어선생님이 전화 왔는데, 코로나 때문에 너무 오래 수업을 못하니까 과제 나눠준대. 근데 나 영어 끝나잖아. 그래서 선생님이 학원 수업이 안 되니까 학원비는 안 받을 건데 과제하는 교재 줄까라고 물어보셨어. 생각해보니까 너무 오래 공부 쉬는 게 걱정이 되서 선생님께 나도 달라고 했어. 과제해서 선생님한테 사진으로 보내면 체크해주시거든!"

"옴마~! 이 아들 왜 이러셔요? '우리 아이가 변했어요.'인 거야?"

내가 기분 좋은 농담을 했다. 아들 역시 유쾌하게 웃으며 '나 공부한다~'라며 방으로 들어갔다.

부모가 쓰레기를 함부로 버리고 교통위반을 하면서 아이들에게 규범을 가르칠 것인가? 부모가 가난한 삶을 살면서 너는 성공해서 부자가 되라고 말할 것인가? 부모가 공부를 안 해서 이렇게 사니 너는 공부하라고 할 것인가?

부모는 자녀가 태어나서 처음 만나는 선생님이다. 가정은 자녀가 처음 접하게 되는 사회다. 부모 스스로가 먼저 발전하는 모습을 보여주자. 더 나은 삶에 대한 도전과 성취하는 모습을 보여주자. 그것이 내가 우리 아이에게 물려줄 유산이 되는 것이다.

06

아이가
손님이라고 여겨라

"엄마, 넥타이 못 봤어?"

"엄마, 와이셔츠 지금 빨 수 있겠나?"

막 집안 정리를 끝내고 늦게 들어 온 아들의 저녁까지 챙기고 나니 새벽 한 시가 넘어가고 있었다. "미리 얘기 안하고…."라고 말이 나오려다 쏙 들어갔다. 미리 언제 얘기한단 말인가? 이제 들어온 것을. 아들은 학원 끝나고 친구들과 스터디까지 하다 왔다. 친구들과의 스터디에서는 모의 면접을 해본다. 사전에 각자 준비한 질의응답을 공유하며 스피치연습을 한다.

넥타이를 찾아 주고 와이셔츠를 빨았다. 셔츠 다림질을 했다. 젖었을 때 바로 다림질하여 그 무엇도 스치지 않게 잘 걸어뒀다. 뒤돌아서는데 아들의 양복이 눈에 들어왔다. 등판을 보니 하루 종일 어떤 자세로 있었는지 가늠이 됐다. 바지 또한 마찬가지다. 아들은 앉아 있는 시간보다 서 있는 시간이 더 많았을 터이다. 서서 대기하고 인사 연습을 했던 것이다. 꼭꼭 눌러가며 다림질을 했다. 내 아들의 인생이 이와 같이 구김이 없길 바랐다. 구김이 거의 없는 등판을 다리고 또 다렸다. 아들의 뒷모습이 당당하길 바랐다.

아들은 대학 입시를 앞두고 있었다. 항공승무원학과를 지원하려고 준비하고 있었다. 스스로의 선택이었다. 학교원서부터 수시 면접까지 전국을 누볐다. 그해 겨울, 모든 것을 아들 혼자의 힘으로 해냈다. 부모인 내게 상의도 도움도 청하지 않았다. 엄마가 극성을 부릴까 봐 그럴 수도 있고, 어차피 본인이 해결해야 되는 일이라는 판단에서일 것이다. 수시원서를 넣는 날이었다. 대학별 원서접수 개시시간에 맞춰 원서접수를 한다고 밤을 지새웠다. 새벽에 스터디 친구들을 만나러 나간 탓에 평상복차림이었다. 긴장 속에 원서를 무사히 접수했다는 전화가 왔다. 안쓰러운 마음과 대견한 마음이 엉켜 내 가슴이 묵직해오는 게 느껴졌다.

잠시 후 약국에 들러 양복을 갈아입고 다시 학원으로 향했다. 수시원서는 기간 안에 내면 되는 것이긴 했다. 하지만 아들은 학교마다 면접일

자가 겹칠 것을 우려했다. 접수 순위가 빠를수록 겹치는 면접일시를 맞출 수 있다는 아들의 설명이었다.

어려서 희성이는 재잘재잘 말이 많았다. 희성이의 별명은 '살인미소'다. 초등학교 4학년 때 학원 미스선생님들이 지어주신 별명이다. 그 후 어디를 가든 그 별명이 먹혔다. 다들 어울린다는 반응이었다. 쌍꺼풀 없는 눈매는 늘 웃고 있다. '무쌍이 대세인 시대에 태어나서 다행이다.'라고 내가 놀려댔지만 그 모습은 어릴 때 내 모습과 같다. 늘 눈부터 웃었다. 그런 희성이가 사춘기가 되고 커가면서 말수가 줄어들었다. 필요한 말 외에는 잘 하지 않고 어떠한 일에 대한 것도 늘 혼자 결정했다. 나는 섭섭한 마음이 들었지만 묻고 따질 수 없었다. 그 이유를 알기 때문이다. 나 때문이다. 예전의 나는 아들의 일거수일투족을 다 알려고 들었다. 아들에게 그것이 각인된 듯 했다. 내가 뭘 묻기만 하면 간섭이라고 생각하는 것 같았다.

말을 하지 않으니 아들의 일상이 궁금했다. 나는 인스타그램을 즐기지는 않는다. 그러함에도 이 앱을 설치해놨다. 이것을 통해서 아들을 보기 위해서다. 아들의 모습이 궁금했다. 승무원유니폼 입은 아들의 모습, 친구들하고 재잘거리고 웃는 모습, 긴장으로 면접을 준비하는 모습, 어느 것 하나 궁금하지 않은 것이 없었다. 아이 발길 닿는 곳이 습한 곳인지 마른 곳인지 다 궁금했다.

승무원 학원 역시 아들이 검색하고 선배들에게 물어보고 비교하여 결정한 곳이다. '오르다승무원학원'이었다. 타 승무원학원에서 볼 수 있는 건조함이 없었다. 원장님은 아이들을 친동생처럼 아껴주고 살펴주고 있었다. 아이들에게는 정신적 지주가 되어 동기부여 받고 용기를 얻는 선배이자 형이었다. 부모의 입장에서는 정말이지 감사하지 않을 수 없었다.

학원블로그에는 학원에서의 아이들 일상이 고스란히 담겨 있었다. 긴장된 모습으로 모의 면접에 임하는 모습, 메이크업에서 헤어, 복장까지 지도했다. 워킹과 스피치가 훈련되고 있었다. 사전에 대학을 방문해서 긴장을 덜어주었다. 선생님들이 목에 리본을 걸고 재학 중인 고등하교를 찾아가 응원의 이벤트를 해줬다. 아이들에게 그만한 응원과 동기부여가 또 있을까?

면접 당일에는 선생님들이 조를 나누어 아이들과 함께 이동했다. 조금이라도 놓치는 부분이 있을까 염려해주고 고시장 들어가는 순간까지 아이들 머리가 흐트러져 있을까 헤어스프레이로 고정해주고 메이크업을 수정해 주었다. 그러한 장면을 사진을 통해서 보고 있을 때였다. 우리 희성이가 보였다. 비상구 계단인 듯했다. 대학마다 환경이 달랐다. 입시생들을 위해 분장실이 따로 갖춰진 학교는 많지 않았다. 아이들은 화장실에서 옷을 갈아입고 추위에 떨며 스피치를 연습했다. 사진 속 비상구 계단에 우리 희성이가 쪼그려 앉아 있었다. 손에는 예상 질문지가 들려져 있었다. 선생님이 헤어를 봐주고 있었다. 그 장면을 보는데 어찌나 눈물이 나는지…. 다른 엄마들은 새벽에 자가용으로 아이를 태우고 다닌다고 했다. 차에서 조금이라도 쉬게 하고 따뜻한 음료도 챙긴다고 했다. 나도 그러고 싶었다. 혼자 할 수 있다는 희성이에게 섭섭한 마음이 드는 것은 아니다. 엄마가 돼서 무엇 하나 해주는 것 없다는 무력함에 가슴이 아팠다. 꾸역꾸역 눈물이 차올랐다.

아이 혼자 학교를 다닐 수 있게 되면서인 것 같다. 아이가 인사를 하고 나가면 나는 총총걸음으로 베란다로 나간다. 학교 가는 아이의 머리를 쫓는다. 신발주머니를 세차게 흔들고 학교 가는 모습, 파랑우산으로 머리가 안 보일 때도, 촌스런 학교체육복을 입고 체육대회라고 좋아라 뛰어가는 모습, 야단맞고도 풀죽지 않고 학교 가는 모습, 잘 걸어다가 나무도 한번 만져보고 돌을 걷어차는 모습, 모두 눈에 담아두고 싶었다. 어느 것 하나 예쁘지 않은 모습이 없었다.

어느덧 커서 교복을 입고, 병아리 같은 모습으로 양복을 입고 세상에 나가려는 모습을 보며 생각했다. '언젠가는 내 곁을 떠나겠지. 더 큰 세상으로 나아가겠지. 그곳에서도 저렇게 늠름하게 잘 살겠지. 언제나 저 미소 잃지 않고 살아야 되는데…. 사람들에게 사랑받는 사람이 되겠지. 사랑한다 아들. 사랑한다 내 아들아.'

아이가 세상에 나가려고 연습하는 모습을 보며 생각했다. 언젠가 떠나는 손님과 같다는 것을. 한동안 머물렀던 손님이 떠나면 섭섭한 마음이 들 것이다. 하지만 내 집에서 머물다 좋은 추억을 안고 떠날 수 있다면 그것만으로 감사하다.

손님이 좋은 추억을 가질 수 있으려면 내 집에 머무는 동안 편안해야 한다. 손님에게 필요이상으로 간섭하지 않는 것이다. 손님은 독립된 인격체이기 때문이다. 이러한 생각을 하니 손님의 공간을 간섭하거나 지배하지 하면 안 되었다. 따라서 모든 일이 손님의 일이니 큰 기대를 하지 않게 되었다. 실망하는 일도 없었다.

아이를 손님이라고 생각하니 내 마음 또한 좀 편해졌다. 아이와의 갈등도 줄어들었다. 더 이상 거리가 멀어지는 일이 없었다. 언제 떠날지 모르는 손님인 아이와의 하루가 소중했다. 아이가 더 소중하게 느껴졌다.

나 하늘로 돌아가리라.
새벽빛 와 닿으면 스러지는
이슬 더불어 손에 손을 잡고

(중략)

나 하늘로 돌아가리라.

아름다운 이 세상 소풍 끝내는 날.

가서 아름다웠더라고 말하리라….

— 천상병, 「귀천」 중에서

어느 날 아이는 마치 손님처럼 내게 선물로 왔다. 모자란 나를 찾아와 똘망한 눈망울로 엄마라고 불러주었다. 다른 사람이 아닌 나에게 자신의 모든 것을 송두리째 맡겼다. 온몸을 내놓고 나를 믿고 의지했다. 그렇게 편하게 머물다 가기를 원한다. 다음 여정을 위한 준비를 하고 있는 것이다.

손님을 대하는 나의 마음은 진심이다. 늦은 배려와 존중이지만 손님이 떠나는 날까지 진심을 다할 것이다. 훗날 손님이 떠난 후 손님도 나의 진심을 고마워 할 것이다. 그것을 기억하고 자주 찾아오게 될 것을 믿는다.

07

믿어주고,
기다려주고, 감사하라!

어느 날 늦은 오후였다. 약국에 환자의 보호자로 보이는 40대 초반의 한 남성이 들어왔다. 남성은 어딘가 꽤 불편해 보였다. 난감한 표정을 지어보이며 우물쭈물했다. 약들을 살피는가 싶더니 카운터 쪽으로 다가왔다.

"저, 선생님, 제가 뭐, 하나 부탁 좀 해도 되겠습니까?"
"네, 편하게 말씀 하세요~."
"저, 사실은 저희 어머니가…."

남성의 부탁은 이러했다. 남성의 어머니는 80세가 넘은 어르신이다.

어머님은 신경통약은 물론이고 위장약, 관절염, 신경계약 등 이미 많은 약을 복용중이라고 했다. 문제는 기본적으로 드셔야 되는 약이 많은데도 불구하고 작은 통증에도 자꾸 약에 의존하려 한다는 것이다. 고령이신데다 위도 안 좋은 터라 아들을 비롯해서 가족들의 걱정이 이만저만이 아니었다.

부탁하건대 어르신이 드셔도 되는 가벼운 영양제를 하나 권해 달라는 것이다. 거기에다 비용은 지불할 테니 개별 포장을 좀 해달라는 것이었다. 즉, 약국인쇄가 된 약포지에 포장함으로써 병원에서 처방 받은 약처럼 보이기 위한 것이었다.

"마침 조용하실 때 잘 오셨어요~ 많이 걱정되시죠? 어르신들 그런 분들 많아요. 근데 그게 어머님의 고집이 아니라 노인들의 특징이라고 보시면 돼요. 노화의 한 과정이라네요~ 걱정 마시고 커피 한 잔 하시면서 조금만 기다리세요."

남성의 눈이 살짝 붉어졌다. 나는 잘 알았다. 어르신들의 경우를 많이 봐왔기 때문이다. 실제로 자제분들과 그런 갈등으로 약국에서 싸우는 사람들도 많았다. 어떤 때는 노모를 그냥 내버려 두고 나가는 경우도 있었고, 자식 된 놈이 약도 하나 안 사준다고 서러움에 우는 어르신들도 있었다.

이렇게 지어간 약은 효과가 좋았다. 가벼운 영양제임에도 어르신들은 허리가 덜 아프고 무릎이 덜 쑤셨다. 한 달 뒤 재방문한 자제분들이 웃으며 해준 이야기다. 그러면서 연신 고맙다고 한다. 약국 직원과 나는 덩달아 흐뭇하게 웃었다. 자식 된 마음은 다 같다고 애쓰시는 맘이 예쁘다고 보호자를 칭찬했다.

나는 몇 번의 이러한 경우를 보고 역으로 생각해봤다. 부모와 아들의 역할이 바뀌는 것이다. 그러니까 우리가 어릴 때로 돌아가서 생각해 보는 것이다. 어릴 때 부모에게 쓸데없는 고집을 많이 부리지 않았던가? 그럴 때마다 우리 부모님은 어찌하셨는가? 속상해하시면서도 우리의 의견을 들어주셨다.

고집이 틀릴 때도 있었고 맞을 때도 있었다. 그러한 경험을 통해서 성장하는 가운데 우리는 배우지 않았던가? 옳고 그름을 배우고 인생을 배웠다. 위기에 처했을 때 어떻게 대처하는지를 알게 되었다. 선과 악 사이에서 어느 편에 서야 되는지도 알았다. 부모님은 그것을 지켜보고 계셨다. 당신의 가슴이 찢어질 만큼 아플 때도 있었을 것이다. 그렇게 성장해 가는 우리를 보고 감동하고 감사해 하셨다.

큰아이가 다섯 살 때이다. 여름이 막 시작되고 있었다. 아침의 후덥지근함이 어제보다 더울 것 같은 예감이 엄습해왔다. 아이가 아침 먹은 것을 치우고 아이를 찾으니 안 보였다. 아까부터 조용했었다. 나는 이방저 방 찾아다니다 옷 방에 있는 아이를 발견했다. 오픈된 장에 보관된 아이의 옷이 널브러져 있었다.

"에궁~ 희성아, 뭐하고 있어? 옷을 왜 이렇게 해놨을까?"
"엄마, 엄마 이거 입을래."
"희성아 그건 지금 입는 것이 아니야. 엄마가 멋진 것 골라놨어. 이거 입자."
"싫어!"

평소에 고집을 부리는 희성이가 아니었다. 내가 골라 놓은 옷을 아무 말 없이 입고 유치원을 가던 아이였다. 더군다나 그날 희성이가 입겠다고 골라놓은 옷은 겨울옷이었다. 털이 복슬복슬한 곰돌이 같은 옷이었다. 어디서 본 것은 있어서 모자와 장갑까지 풀세트로 골라 놓았다. 유치원 차량시간은 다가오고 희성이는 고집을 부리고 있었다.

나는 희성이의 고집에 이길 재간이 없었다. 결국 그것을 입히기로 했다. 본인이 느껴봐야 알 것 같았다. 바지를 입히고 상의를 입히는데 피식 웃음이 나왔다. 엄마가 무엇 때문에 웃는지도 모르고 희성이가 따라 웃었다. 아무리 생각해도 합의를 시도해봐야 할 것 같았다. 모자에 장갑까지라니!

"희성아, 모자하고 장갑은 끼지 말자. 장갑 끼고 유치원에서 밥 먹기도 힘들고 친구들이랑 놀기도 힘들걸?"

"싫어. 다 해줘."

완패당한 나였다. 손가락이 안 맞춰줘 장갑이 잘 안 끼워지는데도 결국은 풀장착하고 나갔다. 사람들이 놀라며 다 쳐다봤다. 나는 눈웃음으로 윙크를 날렸다. 그냥 내버려두라는 신호다. 유치원 차량이 도착했다. 황당하기는 선생님도 마찬가지였다.

"선생님, 오늘 희성이가 이 옷이 꼭 입고 싶다네요~."

"아! 그렇구나! 희성아 멋진걸! 뽀로로에 나오는 '패티'같은데!"

희성이를 유치원에 보내놓고 걱정이 됐다. 워낙 땀이 많은 아이였다. 너무 더워 아이가 힘들어할 것 같았다. 그러다 '힘들어지면 다른 옷가지고 오라고 연락 오겠지.' 싶어서 생각을 접었다. 그렇게 잊고 있던 오후, 희성이의 하원 차량이 도착했다.

차에서 내리는 희성이를 보자 나는 폭소하고 말았다. 외투와 모자, 장갑은 벗고 있었지만 촉촉하게 젖어 있는 희성이었다. 희성이가 난감해하며 따라 웃었다. 집으로 들어와 상쾌하게 씻기고 희성이에게 물었다. "희성아, 또 이 옷 입고 갈 거야? 이 옷은 언제 입는 거야?" 희성이가 대답했다. "어, 추워할 때." 나는 희성이를 꼭 안아줬다.

짐작컨대 아마 뽀로로를 봤던 것 같다. 눈밭에서 뛰어 노는 뽀로로 일 당을 보고 그랬는지도 모르겠다. 나는 아이와 긴 실랑이를 벌이지 않고 아이에게 맡긴 것에 잘했다고 생각한다. 아이가 직접 느끼고 경험해봐야 한다. 하루 촉촉하게 지낸다고 해서 큰 일이 나는 것은 아니다. 물론 하 원 시켜주시던 선생님이 "하루 종일 안쓰러웠어요. 계속 땀을 흘리고 더 워서 활동도 제대로 못했거든요. 그래도 옷은 안 벗겠다고 하더라구요." 라고 말씀하셨다. 하지만 끝까지 지켜봐주지 않고 나의 조바심으로 다른 옷을 들고 유치원을 찾았으면 어찌 되었을까? 희성이가 그 옷을 갈아입 었을까? 오히려 땀을 흘리고 있는 것보다 더 부끄러워했을 것이다. 그것 은 겨울옷을 입은 것이 마치 큰 잘못이라도 저지른 것처럼 느꼈을 것이 다. 뽀로로 친구 패디가 되려다 척키가 될 수도 있다.

유럽을 여행하던 한국인 관광객의 이야기다. 공원을 산책 중이었다. 잔디에 누워 독서를 하는 사람, 가족단위의 모습, 연인들의 속삭임, 한국 과는 다른 여유로움이 느껴지는 풍경이었다. 그런데 여유로운 풍경과 달 리 아까부터 계속 신경 쓰이는 장면이 있었다. 공원바닥에 돌이 안 된 듯 보이는 아기가 기어 다니고 있었다. 무릎이 더러워지는 것은 당연했다. 그도 모자라 무릎이 까지고 상처가 나고 있었다고 한다. 보다 못한 한국 인 관광객이 아기의 엄마인 듯 보이는 사람에게 물었다고 한다. "아이를 들어 올려야 되지 않을까요?" 아기의 엄마는 아무렇지도 않은 듯 단호하게 대답했다. "아프면 지가 알아서 그만 기어 다닐 거다. 그냥 놔둬야 한다." 그리고 한마디 덧붙였다. "아기가 느끼고 어떻게 할지 정해야 한다. 끝까지 지켜봐야 한다!"

'기쁨을 주다', '즐겁게 하다'라는 라틴어에서 유래된 '플라시보(Placebo effect)효과'가 있다. 앞서 말한 환자와 보호자의 사례처럼 위약(거짓약)을 복용해도 환자들은 실제 통증이 줄어드는 효과를 본다. '약을 먹었으니 통증이 덜 할 것이다.'라는 환자 스스로의 믿음 때문이다.

믿는 대로 이루어진다. 아이도 마찬가지다. 아이 저마다 타고난 잠재력을 스스로 깨달을 때까지 믿고 기다려줘야 한다. 아이 자신의 달란트를 잘 개발할 수 있도록 조력자의 역할을 하는 것이 진정한 부모가 해야 할 일임을 기억하자.

애쓰지 말고
시간을 써라

어제는 퇴근 후 아들 녀석과 함께 청소년상담센터에 다녀왔습니다. 지난 몇 달간 며칠이나 등교 시간에 학교에 안 가고 누워 있었습니다. 스스로에게 화를 내다가 금방 꺼지는 등불마냥 잠들곤 했습니다. 한차례 식힌 가슴으로 엄마에게 미안한 눈빛을 보냅니다. 그리고는 말합니다.

"엄마, 미안해. 요즘 내가 생각이 많아져서…. 뭐가 뭔지, 내가 선택한 것이 맞는 길인지, 어떻게 해야 되는 것인지…."

그리고는 본인도 마음이 불편한지 늦은 시간에 학교로 향합니다.

아들은 엄마를 잘 압니다. 엄마가 야단치다가도 왜 소리 없이 눈물을 삼키며 자신을 믿어주고 기다려주는지…. 학교 담임선생님 말씀이 더 쿨하십니다.

"내일은 지각 안 하면 라면 사준다!"

그 말씀을 전해 들으면서 또 한 번 저 자신을 내려놓습니다. 또 지난주엔 녀석이 얼마나 답답했으면 타로점을 보고 왔답니다. 이미 친구들 사이에서는 소문이 자자한 곳이라고 합니다. 눈을 두 배로 크게 뜨고 신이 나서 얘기합니다.

"엄마! 정말 완전 200% 맞추는 거 있지?! 내가 생각하는 진로가 나한테 맞는 것이고 그걸로 잘 된대! 그리고 엄마 말처럼 지금 조금 힘들지만 2년 뒤엔 좋아진대! 근데, 하나 틀리는 건 엄마가 되~게 엄한 사람이래. 그건 아닌데…. 엄마는 나랑 얘기도 많이 하는데."

안개 걷히듯 속이 후련해졌다며 내일 할 일들을 브리핑하고는 제 방으로 휘리릭 들어갑니다. "내일은 지각 안 해야지~." 하고 말입니다.

신은 말씀하셨던가요? 엄마란 인내를 배우게 하기 위해 이 세상에 내놓았다고….

저는 가난한 집안에 태어나서 완벽을 추구하고자 보이지 않는 것을 쫓으며 살던 사람이었습니다. 학교는 죽어도 가야 하는 곳이며, 지각이란 있을 수 없는 것이라 교육받았던 사람입니다. 엄마가 되어 두 아이를 키우며 이 아이들을 통해서 참 많은 것을 배웠습니다. 아니, 배우고 있습니다. 직장에서는 저를 안타깝다는 듯 아련한 눈빛으로 보지만, 사실 아들은 그 누구보다도 열심히 살고 있는 겁니다.

저는 그런 아들을 응원합니다. 어제보다 오늘, 오늘보다 내일 더 많이 사랑하고 더 많이 믿습니다.

위의 글은 2019년 어느 가을날에 쓴 일기이다. 이 일기를 썼던 날 저녁, 아들에게 감사한 마음이었던 것이 기억난다. 또한 그것은 나에 대한 감사함이었다. 번뇌와 갈등 속에서도 자아(ego)를 찾기 위해 한 걸음씩 나아가려는 아들의 모습이 감사했고, 그 아들의 모습을 흔들림 없이 믿어주는 나 자신에게 감사한 것이었다.

그것은 엄마 공부를 통해 얻은 깨달음이다. 깨달음의 최우선은 '존중'이다. 존중(Respect)을 영어로 표기하면 'Re(다시) + spect(보다)'이 된다. 아이를 존중한다는 것은 즉, 아이를 '다시 본다'는 의미가 되는 것이다. 보이는 것만을 보는 게 아니라 보이지 않는 아이의 내면을 다시 보는 힘을 말한다. 좋은 엄마가 되려고 애쓰기보다 오롯이 아이를 보는 데 시간을 써야 얻을 수 있는 힘이다.

이 책을 끝까지 읽어준 당신에게 내가 마지막으로 선물하는 당부의 말이다.

애쓰지 말고 시간을 써라!

더불어 엄마의 이름으로 살게 해준 나의 두 아들에게 진정 사랑하고 고맙다고 말하고 싶다. 그리고…
김경희라는 이름에 힘을 실어주신 내 마음의 밭, 김정옥 여사님의 여생이 평안하시길 기도한다.

2020년 4월,

김경희

만일 내가 아이를 다시 키운다면

다이애나 루먼스

아이를 다시 키운다면
먼저 아이의 자존심을 세워주고
집은 나중에 세우리라.

아이와 함께 손가락 그림을 더 많이 그리고,
손가락으로 명령하는 일은 덜하리라.
아이를 바로잡으려고 덜 노력하고,
아이와 하나가 되려고 더 많이 노력하리라.
시계에서 눈을 떼고 눈으로 아이를 더 많이 바라보리라.

만일 내가 아이를 다시 키운다면
더 많이 아는 데 관심을 갖지 않고,
더 많이 관심 갖는 법을 배우리라.

자전거도 더 많이 타고 연도 더 많이 날리리라.
들판을 더 많이 뛰어다니고 별들을 더 오래 바라보리라.

더 많이 껴안고 더 적게 다투리라.
도토리 속의 떡갈나무를 더 자주 보리라.

덜 단호하고 더 많이 긍정하리라.
힘을 사랑하는 사람으로 보이지 않고
사랑의 힘을 가진 사람으로 보이리라.